CHRISTIANE DETERS

It`s all about
CHARISMA

CHRISTIANE DETERS

It's all about
CHARISMA

Menschen bewegen wie Coco Chanel,
Barack Obama & Co.

Der Charisma-Code 5 ¾ für Führungskräfte

Bibliografische Information der Deutschen Nationalbibliothek
Die Deutsche Nationalbibliothek verzeichnet diese Publikation
in der Deutschen Nationalbibliografie; detaillierte bibliografische
Daten sind im Internet über *http://dnb.de* abrufbar.

Für die Inhalte der Webseiten Dritter, auf die in dieser Publikation
verwiesen wird, übernehmen wir keine Haftung und verweisen lediglich
auf deren Stand zum Zeitpunkt der Erstveröffentlichung.

metropolitan – ein Imprint des Walhalla Fachverlags
www.metropolitan.de

1. Auflage 2020
© Walhalla u. Praetoria Verlag GmbH & Co. KG, Regensburg
Alle Rechte, insbesondere das Recht der Vervielfältigung und Verbreitung
sowie der Übersetzung, vorbehalten. Kein Teil des Werkes darf in
irgendeiner Form (durch Fotokopie, Datenübertragung oder ein anderes
Verfahren) ohne schriftliche Genehmigung des Verlages reproduziert oder
unter Verwendung elektronischer Systeme gespeichert, verarbeitet,
vervielfältigt oder verbreitet werden.
Produktion: Walhalla Fachverlag, 93042 Regensburg
Printed in Germany
ISBN 978-3-96186-042-5

Inhalt

BEGINN EINER REISE 9

CHARISMA: EIN ALLROUNDER
- Wirkung passiert 15
- Die Wesensmerkmale von Charisma 16
  - Charisma in der christlichen Theologie 16
  - Charisma in der Soziologie 17
  - Charisma in der Psychologie 18
  - Charisma in der Führungs- und Managementlehre 20
- Der Charisma-Code $5\,^3/_4$ 23

CHARISMA-FAKTOR 1: PERSÖNLICHKEIT
COCO CHANEL
1. Selbstvertrauen 29
   - Strategien für mehr Selbstvertrauen 33
2. Selbstverantwortung 35
   - Strategien für mehr Selbstverantwortung 36
3. Selbstbewusstsein 43
   - Strategien für mehr Selbstbewusstsein 47
4. Selbstliebe 52
   - Strategien zu mehr Selbstliebe 54

CHARISMA-FAKTOR 2: VISION
MARTIN LUTHER KING
1. Ziele 62
   - S.M.A.R.T.: „Do your best" 64
2. Strategie 65
   - Strategie 1: Überzeugt, zielfokussiert und konsequent durch Vorbild führen 67

INHALT

    Strategie 2: Fortschritt durch Konfliktbereitschaft 68
  3. Inspiration 69
    Strategie: Starte mit dem Warum 71
  4. Resilienz 72
    Extrameile für Ihr Charisma: Die 5 Needs® 75

CHARISMA-FAKTOR 3: BEZIEHUNGSINTELLIGENZ
WILLY BRANDT

  1. Empathie 84
    Extrameile: Durch achtsames und aktives Zuhören der Empathie
    auf die Sprünge helfen 86
  2. Weise Kommunikation 87
    Charismatische Führung 90
    Ethische Führung 90
    Transformationale Führung 91
    Extrameile für Ihr Charisma: Gewaltfrei kommunizieren 91
  3. Resonanz 95
    Extrameile für Ihr Charisma: Resonanz ermöglichen 98
  4. Menschlichkeit 99
    Extrameile für Ihr Charisma: Menschlichkeit wagen 100

CHARISMA-FAKTOR 4: WIRKUNGSINTELLIGENZ
BARACK OBAMA

  1. Rhetorik – „Yes, you can!" 109
    Extrameile für Ihr Charisma: Storytelling 112
  2. Körpersprache 113
    Extrameile für Ihr Charisma: Verbündeter vs. Verräter 116
  3. Stimme 117
    Extrameile für Ihr Charisma: Pausen 122
  4. Äußere Erscheinung 123

CHARISMA-FAKTOR 5: AUTHENTIZITÄT
ELISABETH SELBERT

  1. Werte 133
    Extrameile für Ihr Charisma: Wertvolle Fragen 136
  2. Entschlossenheit 136
    Extrameile für Ihr Charisma: Weniger ist mehr! 140

3. Konsistenz 141
    Extrameile für Ihr Charisma: Commitment zur Konsistenz 144
4. Mut 144
    Extrameile für Ihr Charisma: Mut zur Angst 148

CHARISMA-FAKTOR 5 $^{3}/_{4}$: BEMERKENSWERT
RUTH BADER GINSBURG

1. Disziplin 156
    Extrameile für Ihr Charisma: Selbstkontrolle – do it yourself! 158
2. Respekt 159
    Extrameile für Ihr Charisma: Respect yourself! 163
3. Humor 164
    Extrameile für Ihr Charisma: You name it! 167

DIE REISE GEHT WEITER 171

ANHANG

Endnotenverzeichnis 175
Literaturverzeichnis 188
Quellenverzeichnis 193
    Internetquellen 193
    Youtube 197
    Filme 198
    Songs 198
    Gesetze 198

BEGINN EINER REISE

Es ist Donnerstagabend, 20:00 Uhr und die Spannung in der Kölner Lanxess Arena ist kaum zu ertragen. 14.000 Zuschauer warten auf ihn, seinen Auftritt, seine Worte, seine Sätze, auf etwas, das von ihm ausgeht und das alle fühlen und sehen wollen: sein Charisma. Um 20:09 Uhr ist es endlich so weit und der ehemalige Staatschef, in einem Business-Outfit mit blauem Hemd und dunkelblauem Anzug gekleidet, betritt lässig und lächelnd die Bühne. Die Halle bebt vor Freude und Begeisterung. Er braucht nur wenige Worte, um die Menschen für sich zu gewinnen. Wie macht er das nur? Souverän und zugleich sehr menschlich erzählt er von seinem neuen Leben. Davon, dass er in der ersten Zeit viel geschlafen hat und dass der Kaffee, den er sich nun selbst kochen muss, schrecklich schmeckt. Keine wirklich weltbewegenden Aussagen, und dennoch kleben alle Anwesenden wie gebannt an seinen Lippen. Nach diesem anfänglichen Geplauder kommt er dann doch wie gewohnt zu den starken und druckreifen Sätzen. Auf die Frage seines Interviewpartners, was eine gute Führungspersönlichkeit ausmache, antwortet der ehemalige US-Präsident Barack Obama: „Eine gute Führungsperson ist jemand, die zuhört und fühlt, was die Menschen fühlen. Was dich vorantreibt als Leader, ist die Arbeit, nicht der Applaus, also konzentriere dich auf das, was du tun willst und nicht, was du sein willst."[1] *Die Halle tobt wieder.*

War es das, was alle hören wollten? War es das, was alle sehen wollten? War es das, was alle fühlen wollten? Ja, ja und nochmals ja! Die eine Stunde vergeht wie im Flug und plötzlich ist der gefürchtete Moment da, wo er aufsteht und unter frenetischem Applaus die Arena verlässt. Es wird gefühlt dunkel, nicht weil das Licht gedämmt wird, sondern weil eine Lichtgestalt die Bühne verlässt. Die Magie erlischt. Aber die Erinnerungen an ihn und an seine anziehende Ausstrahlung verbleiben für immer in Köpfen und Herzen der Anwesenden.

Was ist es, was diesen Mann so anziehend macht, frage ich mich. Was haben solche Menschen, das sie so strahlen lässt? Die Antwort ist einfach: Sie haben Charisma.

Dieses magische, mit unseren Sinnen wahrnehmbare Phänomen ist mir keinesfalls unbekannt. Schon seit mehr als 14 Jahren beschäftige ich mit dem Thema Ausstrahlung und biete entsprechendes Coaching und Training an. Die gängigsten Methoden, Tools und Praktiken, mit denen wir sichtbarer werden, also unsere Ausstrahlung verbessern können, beherrsche ich. Das ist mein tägliches Geschäft. Aber Charisma? Charisma ist etwas anderes. Charisma ist die „große Schwester der Ausstrahlung"[2], das gewisse Etwas und für mich absolutes Neuland.

Um zu verstehen, was Charisma im Kern ist, was es so besonders macht, ob und wie es möglich sein kann, eigenes Charisma zu entfalten bzw. zu entwickeln, begebe ich mich mal wieder in die Position der Lernenden.

Ich starte mit einer umfangreichen Recherche und kann mich nicht über zu wenig Fundmaterial beschweren. Ganz im Gegenteil: Als ich das Wort „Charisma" Google zum Fraß vorwerfe, bekomme ich ungefähr 65.400 Ergebnisse, die ich mir natürlich nicht alle ansehe. Die nächste Suchmaschine, die ich um Rat frage, wirft mir 10.000 Literaturergebnisse vor die Füße. Charisma scheint also ein Thema zu sein, das schon immer viele Menschen interessiert hat. Was mich besonders reizt, ist jedoch nicht die Jahrhunderte alte Theorie, was mich fasziniert, sind charismatische Menschen. Auf Anhieb fallen mir ein paar berühmte Menschen ein, die als charismatisch gelten.

Was ist mit der Idee, von sogenannten Role Models zu lernen, frage ich mich. Also von solchen Leitfiguren, die gemeinhin als charismatisch bezeichnet werden bzw. denen eine charismatische Ausstrahlung nachgesagt wird. Ich entscheide mich für drei Frauen und drei Männer, deren Biografien mir sehr gefallen und von denen ich noch mehr erfahren will. Es sind Coco Chanel, Elisabeth Selbert, Ruth Bader Ginsburg, Martin Luther King, Willy Brandt und Barack Obama. Bei diesen starken charismatischen Persönlichkeiten handelt es sich um Menschen, die in der Tiefe ihres Herzens an sich geglaubt haben und unsere Welt durch ihr Denken und Handeln in Bewegung gebracht oder gar verändert haben. Mit Mut, Entschlossenheit und der jeweils notwendigen Haltung haben sie sich gegen Widerstände zur Wehr gesetzt und Regeln gebrochen, um ihre jeweiligen Ziele bzw. Visionen mit Begeisterung umzusetzen. Was ihnen noch gemein ist, ist, dass sie alle mit tiefer Überzeugung für ein Thema einstanden oder das auch heute noch tun. Sie unterscheiden sich lediglich im Hinblick auf die Ausprägung der unterschiedlichen Charisma-Faktoren. Doch davon später mehr.

Und diese Persönlichkeiten soll ich jetzt nachahmen?, fragen Sie sich jetzt vielleicht zu Recht. Diese Frage habe ich mir übrigens auch gestellt. Nachahmen ist sicherlich kein erstrebenswertes Ziel. Weder Ihnen noch mir geht es darum, als blasse Kopie prominenter Persönlichkeiten zu gelten. Aber was halten Sie von der Idee, dass diese Menschen uns inspirieren, unser eigenes charismatisches Potenzial zu entdecken, um es im Anschluss voll auszuschöpfen?

Lassen Sie uns einfach mal erforschen, wie viel Charisma in uns schlummert. Schieben Sie Killersätze wie „Charisma hat man oder hat man nicht" einfach zur

Seite und schließen sich meiner Idee an. Ich verspreche Ihnen, dass Sie auf unserer Entdeckungsreise nichts verlieren können: Either you win or you learn!

Noch eine Bitte: Als Ausstattung für diese Reise wünsche ich mir, dass in unseren Köpfen ein offener Geist herrscht und wir von dem Willen und der Entschlossenheit getragen werden, unser charismatisches Potenzial zu entdecken.

Ihre
Christiane Deters

Ausschließlich im Sinne der besseren Lesbarkeit verwenden wir im Text nicht überall die gendergerechte Sprache, selbstverständlich sind jederzeit alle Geschlechter gemeint.

CHARISMA: EIN ALLROUNDER

Wirkung passiert

Wir widmen uns zunächst einem altbekannten Axiom, das auch heute noch herrschende Meinung in der Kommunikationspsychologie ist:

Man kann nicht nicht kommunizieren.

Es handelt sich hierbei um eine Formulierung des bereits verstorbenen Kommunikationswissenschaftlers Paul Watzlawick. Was hat der berühmte Altmeister mit diesem Grundmerkmal der Kommunikation, mit dieser Wahrheit, die keines weiteren Beweises bedarf, gemeint?

Er hat damit gemeint, dass wir unserem Gegenüber in jedem Moment etwas von uns mitteilen, ob bewusst oder unbewusst, beabsichtigt oder unbeabsichtigt. Selbst wenn Sie und ich uns jetzt gegenüberstünden und uns stumm anblicken würden, würde ich allein durch meine Körpersprache, also durch meine non-verbale Kommunikation Signale zu Ihnen senden und Sie umgekehrt zu mir, ob wir nun wollten oder nicht. Nicht nicht zu kommunizieren ist Ihnen und mir also verwehrt.

Ebenso steht es um unsere Wirkung. Nicht nicht zu wirken ist genauso unmöglich. Warum? Weil wir neben der verbalen Sprache über wortlose Kommunikationskanäle verfügen, die wir weder abstellen noch ausschalten können. Dies sind unser Blick, unsere Mimik, unsere Gestik, unser Habitus und unsere Körperhaltung. Diese fünf stillen Gefährten sind die größten Schwätzer vor dem Herrn. Sie senden, bis der Arzt kommt, und verraten mehr über uns, als uns vielleicht lieb ist. Nicht nicht zu kommunizieren und nicht nicht zu wirken sind also keine Optionen.

Eine gute Nachricht folgt allerdings auch daraus: Sie und ich müssen nichts dafür tun, um zu wirken – es passiert einfach.

Alles schön und gut, aber wie um alles in der Welt schafft es beispielsweise Barack Obama, charismatisch zu wirken? Wie kommt sozusagen der charismatische Geschmack an seine Wirkung? Was sind seine speziellen Charisma-Zutaten und die der anderen fünf Persönlichkeiten, die wir auf unserer Entdeckungsreise treffen und besuchen werden?

CHARISMA: EIN ALLROUNDER

Die Wesensmerkmale von Charisma

Wie geht es jetzt weiter, wollen Sie wissen? Bevor wir uns zu einem späteren Zeitpunkt die speziellen Charisma-Zutaten ansehen, möchte ich Ihnen nicht vorenthalten, welches Wesen die Wissenschaft dem Phänomen Charisma zuschreibt.

Charisma in der christlichen Theologie

Halten wir zunächst bei der christlichen Theologie an – aber keine Angst, es wird hier nicht zu fromm werden.

Bei meinen Recherchen bin ich auf einen Artikel gestoßen, der mich sehr inspiriert hat, mit seiner Verfasserin, Prof. Dr. Regina Radlbeck-Ossmann, in Kontakt zu treten. Sie ist seit 2005 Professorin und Inhaberin des Lehrstuhls für Systematische Theologie/Dogmatik an der Martin-Luther-Universität in Halle-Wittenberg. Es begann ein reger und spannender E-Mail-Verkehr zwischen uns, der in einem persönlichem Treffen in Düsseldorf mündete und mein Bild von dieser sympathischen Frau abrundete. Aber nun zu der christlichen Sichtweise zum Thema Charisma, sozusagen aus erster Hand:

In der christlichen Tradition bezeichnet Charisma etwas, was Gott den Menschen geschenkt hat. Dieses Etwas muss nicht zwingend das Charisma im engeren Sinne sein, sondern gemeint sind auch andere Gottesgeschenke, durch die die göttliche Gnade wirkt. Da Gott Ursprung und Geber zugleich ist, wird dem geschenkten Charisma aus theologischer Sicht eine „positive Qualität"[3] nachgesagt. Im bereits erwähnten Artikel vergleicht Prof. Dr. Regina Radlbeck-Ossmann zunächst den außertheologischen mit dem theologischen Charisma-Begriff und stellt Gemeinsamkeiten und Unterschiede gegenüber. Das Merkmal, das ihrer Meinung nach beide Sichtweisen miteinander verbindet, ist eine Ausstrahlung, die besonders anziehend wirkt.

Dem Artikel weiter folgend wird der „kleine", aber feine Unterschied deutlich, den ich hier zur besseren Übersicht tabellarisch darstelle (siehe nächste Seite):

Durch den zusätzlichen Aspekt, dem Wirken der göttlichen Gnade bei dem als charismatisch empfundenen Menschen, verwehrt sich die Theologie gegen jedweden Personenkult. Sie gesteht dem Menschen, der als charismatisch begabt gilt, nämlich gerade keinen höheren Status zu. Entsprechend sollte dieser Mensch seine Wirkung auf keinen Fall dahingehend missbrauchen, „eine Herrschaft von Menschen über Menschen zu begründen".

DIE WESENSMERKMALE VON CHARISMA

> **Entstehung von Charisma aus außertheologischer Sicht | theologischer Sicht (nach Prof. Dr. Regina Radlbeck-Ossmann)**

KÖNNEN	KÖNNEN
GEWANDTHEIT	GEWANDTHEIT
PERSÖNLICHKEIT	PERSÖNLICHKEIT
	WIRKEN DER GÖTTLICHEN GNADE (GÜTE) IN DEM MENSCHEN

Halten wir also fest: Was immer Charisma ist – oder auch nicht ist –, niemals darf diese besondere Ausstrahlung von jemandem dazu benutzt werden, sich andere Menschen untertan zu machen. Vielmehr sollte es unsere Aufgabe sein – und da stimme ich der theologischen Sichtweise voll und ganz zu –, dieses Geschenk, mit dem wir alle ausgestattet wurden, zu entdecken, es anzunehmen und fruchtbar zu machen.

„Wo dies gelingt, findet der Mensch zu sich selbst", schreibt Radlbeck-Ossmann. Er gewinnt auf dieser Entdeckungsreise „innere Ruhe und äußere Stärke und erhält im Gegenzug das, was für jedes Charisma typisch ist: eine Ausstrahlung, die besonders anziehend wirkt."

Sind Sie bereit für das nächste Wesensmerkmal?

Charisma in der Soziologie

Stellvertretend für die Soziologie möchte ich mit Ihnen kurz beim Soziologen Max Weber (1884–1920) anhalten, der im Rahmen seiner Herrschaftstheorie drei Typen von Autoritäten identifiziert hat, nämlich solche, die legal, traditionell oder charismatisch autorisiert waren.

Bei der Variante, die auf Charisma basiert, wird der jeweiligen Autorität eine außeralltägliche, übernatürliche und übermenschliche Qualität zugeschrieben, was dazu führt, dass die Menschen ihrem Herrscher, also der Autorität, im Grunde blind folgen.

Charisma in der Psychologie

Nun statten wir der Psychologie einen Besuch ab, genauer gesagt dem US-amerikanischen Psychologen Ronald Riggio. Riggio ist bereits seit 1996 Professor of Leadership and Organizational Psychology of the Kravis Leadership Institute at Claremont McKenna College in Kalifornien und hat den Social Skill Inventory entwickelt. Dieser psychologische Test umfasst 90 Fragen, die uns Aufschluss über das Charisma-Potenzial von Menschen geben. Als Maßstab dienen drei interessante Grundkomponenten, die jeweils sowohl eine emotionale als auch eine soziale Variante aufweisen: Expressivität, Kontrolle und Sensitivität in der Kommunikation.

Lassen Sie uns noch ein wenig weiter hinter die Kulissen schauen, um zu erfahren, was Riggio genau damit meint:

- **Soziale Expressivität** ist die Fähigkeit, selbstsicher und eloquent öffentlich aufzutreten sowie sich mühelos sprachlich treffend auszudrücken.
- **Emotionale Expressivität** liegt beispielsweise dann vor, wenn eine Person in der Lage ist, ihre Gefühle unvermittelt und echt auszudrücken.
- **Soziale Kontrolle** bedeutet, dass sich ein Mensch sehr schnell auf unterschiedliche Menschen und Situationen einlassen kann, er sozusagen ein begnadeter Anpassungskünstler ist.
- **Emotionale Kontrolle** beschreibt die Fähigkeit, seine eigenen Gefühle zu kontrollieren. Der Mensch verfügt demnach über eine zuverlässige Selbstkontrolle.
- **Soziale Sensitivität** meint die Fähigkeit, Stimmungen und Atmosphären in Gruppen schnell zu erfassen, um sich taktvoll auf sie einzulassen.
- **Emotionale Sensitivität:** Das Schlüsselwort hierfür ist Empathie, das heißt in der Lage zu sein, sich in andere Menschen einzufühlen. Dies kann so weit gehen, dass sich ein anderer so fühlt, als sei er die einzige und wichtigste Person weit und breit.

Erst wenn diese sechs Charisma-Zutaten in einem gesunden Verhältnis, in einer gesunden Balance im Rahmen von Kommunikation verwendet werden, entsteht nach Ronald Riggio ein guter Charisma-Cocktail.

DIE WESENSMERKMALE VON CHARISMA

Vielleicht sind Sie schon an dieser Stelle bereit, einen kleinen Test einer Forschungsgruppe der Universität Toronto[4] auszuprobieren, der dazu dient, unser charismatisches Potenzial zu ermitteln. Er umfasst sechs Fragen, die auf einer Skala von 1 bis 5 bewertet werden sollen. Zur besseren Übersicht hier die nachfolgende Tabelle. Also, legen wir los!

FRAGEN: Ich bin jemand,	1 (niedrig)	2	3	4	5 (hoch)
der in einem Raum präsent wirkt					
der die Fähigkeit hat, andere zu beeinflussen					
der weiß, wie man eine Gruppe führt					
dem es gelingt, dass Menschen sich wohl fühlen					
der Menschen häufig anlächelt					
der sich mit anderen gut versteht					
GESAMTPUNKTZAHL					

Der Durchschnitt bildet den entsprechenden Charisma-Wert.

CHARISMA: EIN ALLROUNDER

BEISPIEL:

Angenommen, Sie haben eine Gesamtpunktzahl von 20. Diese Punktzahl teilen Sie durch sechs. Daraus ergibt sich dann der Durchschnittswert von 3,33.

Eine kleine Anmerkung noch: Das Forschungsteam der Universität Toronto unter der Leitung von Konstantin O. Tskhay hat in der Untersuchung weiter herausgefunden, dass eine Person, bei der der Charisma-Testwert höher als 3,7 ist, charismatischer als der Durchschnitt auf andere wirkt.
Und? Wie ist Ihr durchschnittlicher Wert?
Selbstverständlich spiegelt dieser Test lediglich unsere Selbstwahrnehmung im Hinblick auf unser charismatisches Potenzial wider. Wenn Sie wollen, können Sie die Beurteilung Ihres charismatischen Potenzials auch von mehreren Personen aus Ihrem Umfeld vornehmen lassen, so bekommen Sie zusätzlich auch die Fremdwahrnehmung frei Haus geliefert.
So und nun zur letzten Lehre, die auch dann spannend ist, wenn man gerade keine Führungsposition im Job bekleidet. Denn Charisma ist sozusagen ein Allrounder, allseits und überall einsetzbar. Immer da, wo Menschen zusammenkommen, als Paar, als Familienmitglieder, als Freunde, als Bekannte, als Mitglieder eines Vereins, als Mitarbeiter oder Kollegen eines Betriebs oder Unternehmens usw. kann und darf Charisma situativ zum Einsatz kommen.

Charisma in der Führungs- und Managementlehre

Diese Lehre befasst sich mit dem charismatischen Führungsstil und findet ihren Ursprung in der uns bereits bekannten Herrschaftstheorie von Max Weber.
Neben dem Aspekt, dass Charisma als Persönlichkeitsmerkmal gilt, charakterisieren die beiden US-amerikanischen Wissenschaftler Jay A. Conger und Rabindra N. Kanungo Charisma auch als Zuschreibungsphänomen. Sie vertreten die Ansicht, dass Charisma hauptsächlich im Auge des Betrachters liegt und deshalb bei der Entstehung und Wirkung charismatischer Führung im Mittelpunkt steht.[5] Mit anderen Worten: Charisma liegt nur dann vor, wenn es einer Führungskraft von seinen Mitarbeitern zugeschrieben wird.
John Antonakis, Professor für Organisationsverhalten an der Fakultät für Wirtschaftswissenschaften der Universität Lausanne, geht noch einen Schritt weiter. Er ist davon überzeugt, dass Charisma kein angeborenes Talent, geschweige denn ein Geschenk Gottes ist. Vielmehr sei Charisma eine erlernbare Fähigkeit, die wie-

derum auf einer Vielzahl einzelner Fähigkeiten beruhe, die trainiert werden könnten.[6]

In der gemeinsamen Studie „Can charisma be taught? Tests of two interventions" mit Marika Fenley und Sue Liechti aus dem Jahr 2011 hat er zwölf charismatische Führungstaktiken, die sogenannten Charismatic Leadership Tactics (CLT), herausgearbeitet die er Managern und Führungskräften in entsprechenden Charisma-Trainings erfolgreich vermittelt. Neben diesen zwölf Charisma-Taktiken, auf die ich gleich noch zu sprechen komme, macht Antonakis deutlich, dass Charisma auf Wertvorstellungen und Gefühlen beruht: „Seine Macht [gemeint ist das Charisma] erwächst aus der Alchemie dessen, was Aristoteles als Logos, Ethos und Pathos bezeichnete: Um andere Menschen überzeugen zu können, muss man sich einer starken, gut durchdachten Rhetorik bedienen, persönlich und moralisch glaubwürdig sein und die Gefühle und Leidenschaften seiner Zuhörer ansprechen."[7]

Neun seiner zwölf Taktiken sind Ihnen und mir sicherlich nicht ganz unbekannt. Sie entstammen der Rhetorik und sind mithin verbaler Natur. Üblicherweise werden diese rhetorischen Techniken bei Reden, Vorträgen, Präsentationen usw. eingesetzt. Gemeint sind beispielsweise anschauliche Metaphern, Gleichnisse und Analogien, Geschichten und Anekdoten, Kontraste und rhetorische Fragen. Die drei anderen wichtigen Taktiken betreffen die non-verbale Kommunikation:

- lebendige Sprechweise
- ausdrucksstarke Mimik
- Gestik

All diese Taktiken könnten Sie und ich auch erlernen. Vielleicht nicht von heute auf morgen, aber durch Übung, die bekanntlich Meister und anscheinend auch Charismatiker macht. Wir sehen, auch in der Managementlehre wird nur mit Wasser gekocht!

So, jetzt haben wir schon einen Teil unserer gemeinsamen Reise hinter uns gebracht. Wie geht es Ihnen? Sollen wir vielleicht an diesem Meilenstein ein kurzes Päuschen einlegen, um festzuhalten, was wir bisher durch die Vertreter der vier Lehren über Charisma erfahren haben? Folgendes Schaubild mag uns dabei helfen:

CHARISMA: EIN ALLROUNDER

LEHRE	VERTRETER	CHARAKTER CHARISMA
Christliche Theologie	Prof. Dr. Regina Radlbeck-Ossmann	**Geschenk Gottes** an den Menschen, durch das die göttliche Gnade wirkt.
Soziologie	Max Weber	**Persönlichkeitsmerkmal,** in Form einer außeralltäglichen Qualität, die der führenden Person durch die Geführten zugeschrieben wird.
Psychologie	Ronald Riggio	**Verhalten, das auf** - soziale und emotionale Expressivität, - soziale und emotionale Kontrolle und auf - soziale und emotionale Sensitivität beruht.
Führung und Management	Conger / Kanungo Prof. John Antonakis	**Zuschreibungsphänomen** **Erlernbare Fähigkeit**

All diese Lehren haben uns jeweils aus ihrer Sicht die Wesensmerkmale von Charisma nähergebracht. Was wir festhalten können ist, dass Charisma von uns selbst ausgeht, weil wir es entweder besitzen, es durch unser Verhalten zeigen oder weil wir es erlernt haben. Lediglich eine Lehre setzt verstärkt darauf, dass Charisma erst im Auge des Betrachters entsteht.

Mein persönliches Fazit ist, dass wir – wie bei jeder anderen persönlichen Fähigkeit auch – zunächst einmal unser Charisma in uns zum Klingen bringen müssen, bevor es auch von unserem Umfeld erspürt werden kann.

Aber was genau müssen wir zum Klingen bringen, damit unsere ganz eigene charismatische „Klangfarbe" entsteht? Dies erfahren wir, indem wir jetzt unsere Reise fortsetzen und dabei dem Charisma-Code 5 $^{3}/_{4}$ folgen.

Der Charisma-Code 5 ¾

Wie der Name verrät, besteht der Code aus 5 ¾ Charisma-Faktoren. Jeder Faktor wird im Folgenden durch eine Persönlichkeit repräsentiert. In der nachfolgenden Übersicht, die Ihnen gleichzeitig auch die weiteren Stationen unserer Reise aufzeigt, sehen Sie auf der linken Seite die einzelnen Faktoren, in der Mitte die jeweilige Kernaussage und in der rechten Spalte die dazugehörigen Persönlichkeiten.

CHARISMA-FAKTOR	DER CHARISMA-CODE 5 ¾	
1	Persönlichkeit	Coco Chanel
2	Vision	Martin Luther King
3	Beziehungsintelligenz	Willy Brandt
4	Wirkungsintelligenz	Barack Obama
5	Authentizität	Elisabeth Selbert
5 ¾	Bemerkenswert	Ruth Bader Ginsburg

Auf unserer Reise möchte ich mit Ihnen bei jedem Faktor anhalten, um zum einen die dazugehörige charismatische Persönlichkeit näher kennenzulernen. Zum anderen stelle ich Ihnen die einzelnen Merkmale vor, aus denen sich die jeweiligen Faktoren zusammensetzen. Es sind pro Faktor grundsätzlich jeweils vier Merkmale an der Zahl, wobei der letzte Faktor bewusst nur drei Merkmale abbildet. Auf diese Weise ergibt sich die außergewöhnliche Bezeichnung dieses Codes:

$$(5 \times \tfrac{4}{4}) + (1 \times \tfrac{3}{4}) = \tfrac{23}{4} = 5\,\tfrac{3}{4}$$

Diese Merkmale dürfen Ihnen durchaus bekannt vorkommen, denn sie geben nicht nur Aufschluss über unser Charisma-Potenzial, sondern bringen uns auch insgesamt in unserer persönlichen Entwicklung voran.

Zudem möchte ich bei den einzelnen Stationen unserer gemeinsamen Reise ein wenig mit Ihnen ins Plaudern kommen. Dabei stelle ich Ihnen Fragen zur Selbstreflexion, wie zum Beispiel:

- Wie steht es um Ihr eigenes Selbstvertrauen?
- Wie können Sie noch selbstbewusster werden?
- Wie empathisch sind Sie?
- Welche Beziehungskatalysatoren benutzen Sie?

Ebenfalls werde ich Ihnen zu jedem Charisma-/Persönlichkeitsmerkmal ein paar Strategien und Extrameilen mit auf den Weg geben. Ich habe nämlich die Erfahrung gemacht, dass sich eine Reise auch wunderbar dafür eignet, über Dinge außerhalb des Alltags nachzudenken.

Bevor es losgeht, möchte ich Ihnen noch einen übergeordneten Gedanken mitgeben. In Vorbereitung auf unsere Reise habe ich davon gesprochen, dass ich mir in Bezug auf die Dinge, die uns begegnen werden, einen offenen Geist wünsche. Ergänzen möchte ich noch, dass jeder von uns die Freiheit hat, das, was wir auf unserer Reise angeboten bekommen, anzunehmen oder auch nicht. Stellen Sie sich einfach vor, Sie säßen in einem Zug, die Tür geht auf und vor Ihnen steht eine engagierte Zugbegleiterin mit einem Servicewagen, der für Sie ein riesiges Warenangebot bereithält, aus dem Sie ungeniert auswählen können. Oder Sie stellen sich vor, dass Sie in einem Flugzeug sitzen und ein sympathischer Stewart Sie freundlich einlädt, die Leckereien auf seinem Board Trolley zu probieren. So soll es auch auf unserer Reise sein.

Auf geht's! Wir starten mit dem ersten Faktor des Charisma-Codes $5\,^3/_4$. Er wird repräsentiert durch eine außergewöhnliche Frau, nämlich Coco Chanel, und heißt Persönlichkeit. Lassen wir uns durch sie und ihr Wirken inspirieren und verstehen, was dieser Faktor bedeutet.

CHARISMA-FAKTOR 1: PERSÖNLICHKEIT

COCO CHANEL

„Die allermutigste Handlung ist immer noch, selbst zu denken. Laut."
Coco Chanel (1883–1971)

© Justine Picardie – https://commons.wikimedia.org/wiki/File:Chanel_looking_out_in_the_distance.jpg

„Bonjour, Mademoiselle Chanel!", begrüßte ich Coco mit dem nötigen Respekt und, ich gebe zu, auch ein wenig ehrfurchtsvoll. Ich wusste, dass sie es mag, mit Mademoiselle angeredet zu werden. Schon Wochen vorher hatte ich mich auf diese Privataudienz in ihrer selbsteingerichteten Suite im weltberühmten Hotel Ritz am prachtvollen Place Vendôme in Paris gefreut. Ihre Suite war 188 qm groß und beherbergte einen Stilmix aus riesigen vergoldeten Spiegeln, überdimensionalen Kronleuchtern und chinesischen Möbeln in schwarz-weißer Optik gehalten. An Eleganz, Anmut und Raffinesse nicht zu übertreffen – dekoriert und eingerichtet aus ihrer Hand.

Nun saß diese Modegöttin vor mir, elegant und zugleich schlicht gekleidet, perfekt frisiert, mit ausdrucksstarken Augen, roten Lippen und umgeben von einer Aura, die mich wortlos machte.

Meine innere Stimme sagte mir: „Schau auf deinen Zettel, alle Fragen stehen dort drauf, du musst sie nur nach und nach stellen, du hast eine Stunde Zeit, also fang endlich an!"

Also legte ich los, und so führten wir eine Unterhaltung über ihr Leben, über ihre Lebenserfolge und über die Frage, was wohl ihr Charisma ausgemacht hat.

Wie gerne hätte ich Gabrielle Chanel, so ihr bürgerlicher Name, tatsächlich erlebt und mit ihr ein Interview geführt. Aber auch wenn mir dies verwehrt ist, können wir uns dieser starken und mutigen Frau, dieser Ikone, die im letzten Jahrhundert die Modewelt auf den Kopf gestellt hat, versuchen zu nähern. Lassen Sie uns gemeinsam herausfinden, warum Coco Chanel den ersten Charisma-Faktor Persönlichkeit abbildet.

Bekannt – und das weltweit – ist Coco Chanel für ihr legendäres Parfum Chanel Nr. 5, das kleine Schwarze, das Ringel-Shirt, die Matrosenhose, das Tweed-Kostüm, das Twinset, das Etuikleid oder den für die damalige Zeit als freizügig betrachteten Bikini. Können Sie sich vorstellen, dass diese für uns heute gängigen Kleidungsstücke Anfang und Mitte des 20. Jahrhunderts für Furore sorgten und zu einer Moderevolution führten?

Lassen Sie uns zum besseren Verständnis die weibliche Mode dieser Zeit kurz anschauen: Sie war durchgängig geprägt von viel Schnickschnack und viel Prunk. Frauen galten in dieser Zeit eher als Dekorationsstücke. Sie zwängten sich in Korsetts, trugen ausnahmslos Kleider und zwar solche, die aus schweren Stoffen bestanden und durch Reifröcke in Position gebracht wurden. Als Accessoire diente ein überdimensionaler und aufwendig verzierter Hut, ohne den Frau nicht aus dem Haus ging.

Kann man sich in solcher Kleidung frei bewegen und unbefangen auftreten? Wohl kaum! So dachte auch Coco Chanel und nahm diesen umständlichen Kleidungsstil zum Anlass, die Mode und auch die Frauen, die sie trugen, in die Emanzipation zu schicken, in der sie sich bereits befand. Heraus kam eine legere, minimalistisch, praktisch und dennoch elegant anmutende Mode, die den Duft der Freiheit und das Streben nach Individualität versprühte und damit die Gleichstellung von Mann und Frau über die Grenzen Frankreichs hinaus vorantrieb. Ganz dem Geschmack, der Haltung und dem eigenen Tragekomfort der Erzeugerin selbst entsprechend.

Wie hat die 1883 geborene Coco Chanel all das geschafft, fragte ich mich. Worüber verfügte diese Frau, die sich in der Zeit von 1895 bis 1971 von einem armen Waisenmädchen zur Herrscherin eines der größten Modeimperien der Welt hocharbeitete? Aus welchem Holz war sie geschnitzt? Welche Aspekte ihrer Persönlichkeit haben sie auf ihrem Weg so unterstützt, dass Menschen ihr und ihrer Mode gefolgt sind?

Bei der Beantwortung dieser Frage habe ich mich auf vier Merkmale beschränkt, die Coco Chanel mit ihrer Persönlichkeit besonders deutlich abgebildet hat.

Wenn wir uns das Leben von Coco Chanel genau ansehen, fällt auf, dass sie sehr auf ihre eigenen Fähigkeiten vertraute, dass sie die Verantwortung für ihr Handeln übernahm, dass sie sich ihrer Selbst bewusst war und sie es sich wert war, ihre Ideen und Vorstellungen umzusetzen. Bringt man diese Beschreibungen auf den Punkt, kommt man zu den folgenden vier Merkmalen:

1. Selbstvertrauen
2. Selbstverantwortung
3. Selbstbewusstsein
4. Selbstliebe

Lassen Sie uns diese vier Merkmale als Meilensteine betrachten, an denen wir anhalten, um ein einheitliches Begriffsverständnis zu definieren und um uns die biografischen Umstände Coco Chanels anzuschauen.

1. Selbstvertrauen

Wie der Begriff schon sagt, geht es hier um das Vertrauen in sich selbst und in die eigenen Fähigkeiten. Auf welche ihrer Fähigkeiten konnte Coco Chanel vertrauen und wer hat ihre Qualitäten erkannt und sie darin bestärkt? Die Romanbiografie von Nadine Sieger zu Coco Chanel hat mir bei der Beantwortung dieser Frage sehr geholfen.[8]

Coco Chanel verfügte nicht von Anfang an über das ihr später eigene Selbstvertrauen, sondern es hat sich erst nach und nach im jungen Erwachsenenalter entwickelt. Zunächst standen ihr kantiger Eigensinn, ihr starker unbeugsamer Wille, ihr Mut, Regeln zu brechen, ihr blitzgescheiter Humor, ihre Andersartigkeit und ihr frecher Charme im Vordergrund. Mit diesen Eigenschaften boxte sie sich keck und unbändig mehr oder weniger erfolgreich durch ihr junges Leben. Wirkliches Selbstvertrauen erlangte sie erst durch die Beziehung zum Unternehmer Boy Capel, ihrer großen und einzigen wirklichen Liebe. Dieser Mann erkannte ihre Kreativität und ihren guten Geschmack, ihren Mut, ihren Tatendrang, bewunderte ihre Durchsetzungsstärke, ihre Beharrlichkeit, ihre Disziplin, ihre Intuition, ihre Authentizität und förderte und bestärkte sie in ihrem eigensinnigen Tun. „Du bist außergewöhnlich und wirst etwas ganz Großes", prophezeite er ihr bereits zu Beginn ihrer leidenschaftlichen Beziehung. Coco Chanel war damals ungefähr 25 Jahre alt. Er sollte Recht behalten.

Schwarz auf weiß wurde ihr ihr Selbstvertrauen durch die Vogue im Jahre 1963 bescheinigt: „Dass Mode sich wieder den Frauen zugewandt hat, ist ohne Zweifel Coco Chanel zu verdanken – dieser leidenschaftlichen, weisen, wunderbaren und völlig an sich selbst glaubenden Chanel."

So und nun möchte ich mit Ihnen in den angekündigten Prozess der Selbstreflexion eintreten und hier ist auch schon meine erste Frage: Wie ist es um Ihr Selbstvertrauen bestellt? Über welche Qualitäten verfügen Sie?

Ich frage bewusst nicht nach Ihren Stärken, weil diese Frage gleichzeitig Ihre Schwächen implizieren würde. Lassen Sie uns lieber den Fokus auf Ihre Kernqualitäten legen.

Das Wort Kernqualität entspringt einer Methode, die vom Niederländer Daniel Ofman bereits im Jahr 1992 entwickelt wurde und im sogenannten Kernquadrat mündet.[9] Mit Kernqualitäten sind die Eigenschaften gemeint, die zum Wesen eines Menschen gehören. Es sind die Eigenschaften, die beispielsweise untrennbar mit Ihnen verbunden sind und an die ein guter Freund oder eine gute Freundin sofort denken würde, wenn Ihr Name fiele.

Beispiele für Kernqualitäten sind: Tatkraft, Entschlossenheit, Mut, Humor, Einfühlungsvermögen, Aufgeschlossenheit, Ordnung, Sorgfalt, Flexibilität, Disziplin usw.

> **ÜBUNG**
> Welche Eigenschaft ist untrennbar mit Ihnen verbunden? Erfahrungsgemäß brauchen Sie ein wenig Zeit, um Ihre Kernqualität zu bestimmen. Nehmen Sie sich diese.
> _____
> _____

Da wo Licht ist, existiert auch Dunkelheit. Entsprechend hat auch jede Kernqualität eine Schattenseite. Mit Schattenseite ist aber nicht das Gegenteil gemeint, sondern ein Zuviel des Guten bezogen auf Ihre Kernqualität. Deshalb spricht Ofman hier auch von einer „Verformung der Kernqualität".[10]

HIERZU EIN BEISPIEL:

Nehmen wir an, Ihre Kernqualität wäre Tatkraft. Tatkraft, die über das Ziel hinausschießt, kann jedoch rasch zur Aufdringlichkeit werden. Sie hätte sich dann von etwas ursprünglich Positivem in etwas eher Negatives verwandelt. In der Logik von Daniel Ofman wäre dies Ihre Falle.

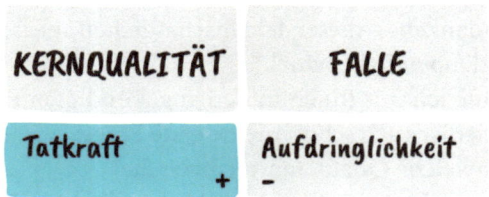

Um mit Ihrer Kernqualität nicht in diese Falle zu geraten, definiert das Kernquadrat die sogenannte Herausforderung, die das positive Gegenteil zu Ihrer Falle darstellt. In unserem Beispiel kann das positive Gegenteil zu Aufdringlichkeit Zurückhaltung sein.

Im Ergebnis sind Kernqualität und Herausforderung einander ergänzende Qualitäten, die es in Balance zu bringen gilt. Balance bedeutet nicht, ein Entweder-oder zwischen den beiden Eigenschaften herzustellen, sondern ein Sowohl-als-auch. Um zu verhindern, dass die Person in unserem Beispiel in ihre Falle gerät, könnte sie versuchen, eine zurückhaltende Tatkraft an den Tag zu legen.

Für unsere Grafik sieht das dann so aus:

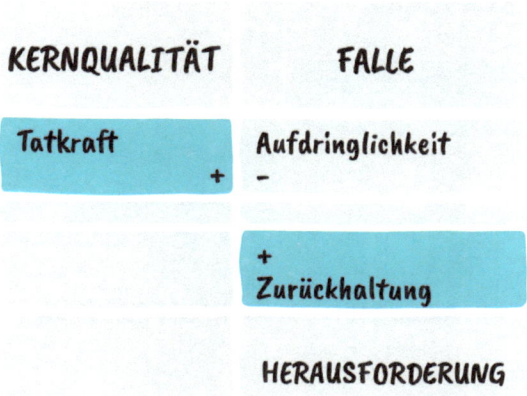

Das letzte freie Feld des Kernquadrats beschreibt Ihre Allergie. Denn immer dann, wenn Sie auf ein „Zuviel" Ihrer Herausforderung treffen, reagieren Sie allergisch, speziell dann, wenn die Allergie von einer Person verkörpert wird. In unserem Beispiel wäre ein Zuviel an Zurückhaltung möglicherweise Passivität. In der Regel wird ein tatkräftiger Mensch dazu neigen, aufzubrausen, wenn er mit einem untätigen, eher teilnahmslosen Menschen konfrontiert wird.

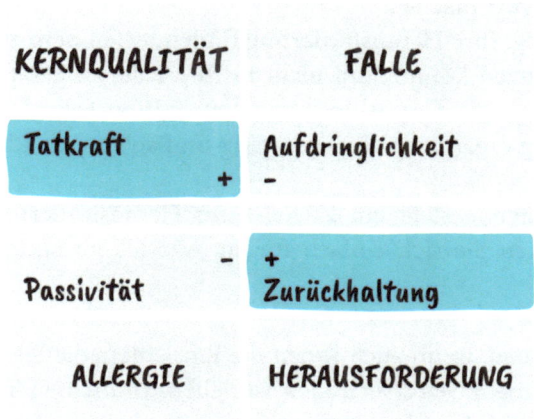

Haben Sie Lust, das Kernquadrat einmal selbst auszuprobieren? Hier ist extra für Sie noch ein leeres Kernquadrat zum Ausfüllen.

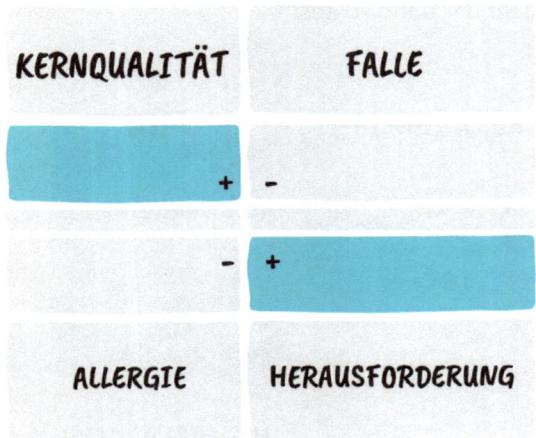

Und so geht's:

- **Kernqualität:** Tragen Sie im ersten Feld oben links Ihre Kernqualität ein, also eine Eigenschaft, die untrennbar mit Ihnen verbunden ist.
- **Falle:** Um Ihre Falle zu bestimmen, überlegen Sie, was andere Menschen Ihnen im Zusammenhang mit Ihrer Kernqualität spiegeln, wenn Sie beispielsweise einmal über das Ziel hinausschießen. Ihre Falle ist häufig Auslöser für Konflikte. Sie finden Ihre Falle, wenn Sie sich zum Beispiel die Frage stellen, was andere Ihnen häufig zum Vorwurf machen.
- **Herausforderung:** Ihre Herausforderung finden Sie, in dem Sie sich etwa fragen, was Sie unterstützen könnte, um nicht in Ihre Falle zu geraten. Wie gesagt, die Herausforderung stellt das positive Gegenteil zu Ihrer Falle dar. Kernqualität und Herausforderung ergänzen sich gegenseitig und sollten im Idealfall in guter Balance sein.
- **Allergie:** Die Allergie stellt ein Zuviel Ihrer Herausforderung dar. Um sie zu benennen, können Sie sich einfach fragen, was Sie an anderen nicht ertragen können.

Ich würde mich freuen, wenn auch Ihnen die Einsichten, die Sie aus dem Kernquadrat gewinnen, zu mehr Selbstvertrauen verhelfen. In meinen Trainings und Coachings profitieren die Menschen immer sehr davon, wenn sie sich ihre Kernqualitäten, ihre Fallen, ihre Herausforderungen und ihre Allergien vor Augen führen. Zusätzlich lassen sich mit diesem logisch-analytischen Tool auch Ihre Mitmenschen besser einschätzen. Probieren Sie es aus!

Ich für meinen Teil versuche immer dann, wenn mir „meine Allergie" bei anderen Menschen begegnet, nicht in meine Falle zu geraten. Das funktioniert nicht immer, aber immer öfter.

Strategien für mehr Selbstvertrauen

Wenn Sie den Eindruck haben, dass Ihr Selbstvertrauen noch mehr Rückenwind gebrauchen könnte, werfen Sie gerne einen Blick auf die beiden nachfolgenden Strategien. Ich empfehle Ihnen jedoch, sich auf unserer Reise auf eine Strategie zu konzentrieren und diese anzuwenden.

Strategie 1: Setzen Sie auf Wachstum.

Im Wort Selbstvertrauen steckt das Wort „trauen". Deshalb möchte ich Sie ermuntern, sich zu trauen, hier und da Ihre Komfortzone zu verlassen, um in Ihre Wachstumszone zu gelangen. Die gute Nachricht: Genau das tun Sie bereits in diesem Moment. Denn Sie öffnen sich mit dieser Reise für neue Erfahrungen und Erkenntnisse, um Ihr eigenes Charisma-Potenzial zu entdecken.

Was ist die Wachstumszone? Die Wachstumszone entspringt dem sogenannten Drei-Zonen-Modell (siehe unten), welches aus der Erlebnispädagogik stammt. Dieses Modell geht davon aus, dass Menschen in drei Zonen leben, nämlich folgende:

- **Komfortzone:** In diesem Bereich fühlt der Mensch sich wohl und sicher. Das Umfeld und die Menschen sind ihm bekannt, er kennt sich aus und alles ist ihm vertraut. Gewohnheiten beherrschen das Feld und prägen den Tagesablauf. Gefühlt befinden wir uns in der Komfortzone auf dem wohligen Sofa in unserem eigenen sicheren Zuhause, nach dem Motto „My home is my castle".
- **Wachstumszone:** In der Wachstums- oder auch Lernzone betritt der Mensch neues unbekanntes Terrain. Er traut sich, so wie Sie und ich, neue Wege zu gehen, ohne genau zu wissen, was auf ihn zukommt. In der Wachstumszone verlassen wir also unseren sicheren Hafen, um zu neuen Ufern aufzubrechen.
- **Panikzone:** Diese Zone bedeutet für uns Menschen Gefahr und Stress, so dass wir geradezu in Panik geraten. In der Regel ist hier keine Veränderung mehr möglich, vielmehr geht es – im übertragenen Sinne – ums nackte Überleben.

PERSÖNLICHKEIT: COCO CHANEL

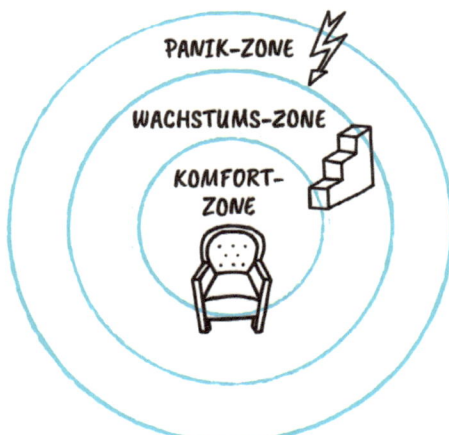

Die Frage ist natürlich, warum wir unsere Komfortzone überhaupt verlassen sollten. Hier ist es doch so schön bequem, höre ich den großen inneren Kritiker in mir quengeln. Hat er sich bei Ihnen auch schon gemeldet? In der Regel kann ich ihn mit den nachfolgenden Argumenten überzeugen:

- Weil es für mich persönliches Wachstum bedeutet.
- Weil ich Neues lernen möchte und kann.
- Weil ich meine subjektiven Grenzen überschreite.
- Weil ich auf diese Weise meine Komfortzone erweitere, denn was ich einst als Herausforderung erlebt habe, wird dann wieder Teil meiner Komfortzone.

Oder, um es mit Henry Ford, dem großen US-amerikanischen Autobauer, zu sagen:

„Wer immer nur tut, was er schon kann, bleibt immer nur das, was er schon ist."
Henry Ford (1863–1947)

Strategie 2: Überprüfen Sie alte Erfahrungen.

Alte Gewohnheiten und Sichtweisen geben uns Sicherheit und machen uns vermeintlich überlegen. Aber wie wäre es, wenn Sie Ihre bisherigen Erfahrungen einmal dahingehend überprüfen, ob sie noch heute ihre Berechtigung haben. Möglicherweise haben sich Dinge ja verändert und das einst Erlebte, das Ihr Selbstvertrauen mindert, gehört nun wirklich der Vergangenheit an.

Hierzu gibt es eine schöne Geschichte:

Der angekettete Elefant[11]
Ein kleiner Junge ist mit seinem Vater bei einer Vorstellung im Wanderzirkus. In der Pause betrachtet der Junge voll Bewunderung den Star des Zirkus, einen mächtigen Elefanten, der etwas abseits des Zirkuszeltes an einem Holzpflock angekettet steht und frisst.

„Papa, schau mal, der Elefant ist so groß und kräftig, warum zieht er denn nicht einfach den Pflock aus dem Boden und läuft davon?" Etwas verdutzt wird dem Vater bewusst, dass diese Überlegung tatsächlich nachdenkenswert ist.

Zufällig steht der Tierpfleger in der Nähe und hat die Frage des Jungen gehört. „Das ist ganz einfach zu erklären", sagt er. „Als der Elefant noch jung und klein war, wurde er an diesen Holzpflock gekettet und damals zerrte und riss er auch daran. Er hat es oft versucht, aber nicht geschafft. Irgendwann ist ihm der Elan ausgegangen und er hat sich in sein Schicksal ergeben. Heute reißt er nicht mehr daran, weil er glaubt, dass es ja sowieso nicht geht."

Nachdenklich wenden sich Vater und Sohn in Richtung Zirkuszelt, denn die Vorstellung geht weiter.

Lassen Sie also bitte Ihre negativen Erfahrungsgrenzen nicht zu Ihren Ideengrenzen werden. Tun Sie sich selbst den Gefallen und überprüfen Sie, ob Ihre Holzpflöcke von früher auch heute noch tatsächlich ein Hindernis für Sie darstellen.

2. Selbstverantwortung

Oh, welche Laus ist Ihnen denn gerade über die Leber gelaufen? Haben Sie schlecht geschlafen? Ach so, Sie haben sich darüber geärgert, dass Ihr Büronachbar Sie heute Morgen wieder nicht gegrüßt hat. Und deswegen sind Sie jetzt schlecht drauf?

Ach, den kenne ich, der braucht morgens erst seinen Kaffee und danach hört er gar nicht mehr auf zu reden. Machen Sie sich nicht so einen Kopf. Das hat nichts mit Ihnen zu tun!

Sicherlich kennen auch Sie Situationen oder Ereignisse, die bei Ihnen negative Gefühle, wie zum Beispiel Ärger oder Zorn auslösen oder Sie geradezu in Rage bringen.

Und gleichzeitig gibt es aber Menschen, die in derselben Situation völlig gelassen bleiben und sich durch nichts und niemanden aus der Ruhe bringen lassen. Das ist merkwürdig. Irgendwie muss das Ganze ja dann etwas mit einem selbst zu tun haben ...

PERSÖNLICHKEIT: COCO CHANEL

Dieses Phänomen hat bereits der antike Philosoph Epiktet erkannt. Er gehörte zu den Stoikern und hat uns folgende wichtige Aussage hinterlassen:

> *„Es sind nicht die Dinge, die uns berühren,*
> *sondern die Sicht, die wir auf die Dinge haben."*
> *Epiktet, griechischer Philosoph (50–135 n. Chr.)*

Unsere Selbstverantwortung erstreckt sich also nicht nur auf unsere Gefühlswelt, sondern darüber hinaus auch auf unsere Art zu denken. Wenn Sie, so wie ich auch, bereits einige Lebensjahre auf dem Buckel haben, werden Sie beobachtet haben, dass wir Menschen unterschiedlich ticken. Die unterschiedlichen Denkweisen können zum Beispiel dazu führen, dass für manche Menschen das Glas halb voll, für manche wiederum halb leer ist, dass manche Menschen sich als Opfer, andere sich als Gestalter des Lebens sehen. Dass es Menschen gibt, die ihre Erfolge minimieren und ihre Misserfolge maximieren, und dass es solche Menschen gibt, die sich gerne als „Gedankenleser" versuchen.

Was all diese Denkstile gemeinsam haben, ist, dass sie an einem ganz besonderen Ort beherbergt sind, nämlich dort, wo gewonnen oder verloren wird, das heißt zwischen unseren Ohren. Wenn unsere Art zu denken, also unsere Gedanken, eine solche Macht besitzen, uns zum Gewinner oder zum Verlierer im Leben zu machen, sollten wir uns disziplinieren, verantwortlich, also nicht selbstschädigend, sondern für uns förderlich, ja sogar wohlwollend zu denken.

Lassen Sie uns in diesem Zusammenhang einmal schauen, welche Denkweise für Coco Chanel typisch war.

Coco Chanel war eine Meisterin darin, ihr Leben ihren eigenen Vorstellungen entsprechend zu gestalten, das heißt Verantwortung für ihr Leben zu übernehmen. Obwohl sie wahrlich genug Stoff für eine Opferrolle aufweisen konnte – erinnern wir uns nur an ihre schwere Kindheit –, wollte sie sich ihrem Schicksal nicht ergeben. Schon in jungen Jahren entfernte sie sich innerlich von ihrer Vergangenheit und kam zu dem Entschluss, „dass sie ihrer Familie gegenüber nichts als Gleichgültigkeit empfindet". Alles „Jämmerliche" hatte sie aus ihrem Gedächtnis gelöscht. Denn „für derartige bemitleidenswerte Lebenstragödien und Schwächen ist in ihrem Selbstbildnis kein Platz." Ihr Blick war konsequent nach vorne gerichtet, und so umgab sie sich mit Menschen, die ihr Zugang zu einer Welt verschafften, zu der sie gehören wollte. Es war ihr erklärtes Ziel, in den höheren Kreisen der Gesellschaft mitzuspielen. Dort angelangt, erkannte sie schnell, dass sie viel erreichen konnte. So positionierte sie sich über die Jahre von Kleidungsstück zu Kleidungsstück zu einer erfolgreichen Frau mit einer anziehenden Ausstrahlung. Sie selbst stand durch diese positive, auf

Erfolg und auf Eigenmacht statt auf Ohnmacht ausgerichtete Denkweise am Steuerrad ihres Lebens.

Auch nagender Selbstzweifel gehörte nicht zu ihrer Art zu denken. Vielmehr glaubte sie fest an sich und an ihre Vision und kreierte „mit viel Einfallsreichtum ihren Mythos".

Strategien für mehr Selbstverantwortung

Bevor ich Ihnen auch zum Thema Selbstverantwortung drei spannende Strategien vorstelle, möchte ich Sie kurz mit dem Prinzip der Neuroplastizität bekannt machen. Es besagt, dass wir unser gesamtes Leben lang in der Lage sind, Neues zu lernen. Das heißt, dank der Fähigkeit unseres Gehirns, sich selbst zu ändern, können wir lernen, anders zu denken, neue Haltungen im Leben oder andere Sichtweisen zu entwickeln. Ist das nicht wunderbar? Also schauen wir uns die nachfolgenden Strategien an.

Strategie 1: Das ABC für unser Denken

Bitte erinnern Sie sich an das eingangs beschriebene Verhalten des Menschen, der sich seine Laune durch den nicht grüßenden Büronachbarn hat vermiesen lassen. Was genau war hier passiert und was hat die negativen Gefühle wohl ausgelöst? Aufschluss gibt uns das vom US-amerikanischen Psychotherapeuten Albert Ellis entwickelte ABC-Modell, welches seiner rational-emotiven Verhaltenstherapie (REVT) entspringt. Der Therapie zufolge „werden emotionale Reaktionen auf bestimmte Erfahrungen durch individuelle Überzeugungen und Bewertungsmuster ausgelöst."[12] Sie basiert auf dem Grundgedanken des eingangs erwähnten Zitats von Epiktet.

In dem Modell steht der Buchstabe **A** für „Activating Event", also für die Situation an sich, der Buchstabe **B** steht für „Belief System", also für unsere Interpretation bzw. unsere Bewertung der Situation, und **C** steht für „Consequences", das heißt die Konsequenzen (negative Gefühle), die auf die Situation folgen.

Bezogen auf unser Beispiel könnte also Folgendes in unserem Menschen abgelaufen sein:

- **A** (Activating Event): Büronachbar grüßt mich nicht.
- **B** (Belief System/innere Haltung): Als Büronachbar grüßt man sich freundlich. Oder: Andere Menschen müssen mich stets freundlich und zuvorkommend behandeln.
- **C** (Consequences/Gefühl): schlechte Laune/Ärger

Wer, glauben Sie, ist nun der „Übeltäter" bzw. was ist die Ursache, die zu den negativen Gefühlen führt? Genau, es ist Schritt **B**, nämlich die Art und Weise, wie unser Kollege die Situation **A** bewertet. Ursache für seine schlechte Laune ist also nicht der unfreundliche Büronachbar, sondern seine innere Haltung. Dies erklärt auch, warum etwa andere Menschen in der gleichen Situation ganz anders fühlen bzw. reagieren.

Insoweit können wir erst einmal festhalten, dass nicht der äußere Umstand direkt zu unseren negativen Gefühlen führt, sondern dass unsere innere Haltung gleich einem Katalysator deren Entstehung begünstigt.

Wie aber können wir solche Situationen souverän meistern, um nicht Opfer unserer unreflektierten und tief in uns verwurzelten Haltung bzw. unseres Bewertungssystems zu werden? Zum Beispiel könnten wir, sobald wir herausgefunden haben, welche innere Haltung uns diese negativen Gefühle beschert, „umgekehrt Haltungen erlernen, die uns helfen, dass wir uns gut fühlen".[13]

Welche Haltung wäre das in unserem Fall? Haben Sie schon eine Idee?

Was halten Sie von dieser Haltung: Ich muss nicht immer von jeder Person gegrüßt werden, denn es kann ja auch mal sein, dass die Person abgelenkt oder gerade mit anderen Dingen beschäftigt ist. Außerdem muss ich nicht alles auf mich beziehen. Vielleicht brauchte der Kollege erst einmal einen Kaffee, um wach zu werden und in Schwung zu kommen.

Manchmal hilft auch einfach ein Perspektivwechsel: Wie geht es Ihnen, wenn Sie nach einer schlaflosen Nacht Ihrem Kollegen begegnen?

Wenn das alles nicht hilft und Sie sich häufig über die Unfreundlichkeit anderer Menschen ärgern – was ich übrigens auch nur zu gut verstehen kann –, halten Sie es mit Eugen Roth:

> „Ein Mensch erlebt den krassen Fall, es menschelt deutlich überall.
> Doch oft erkennt man weit und breit nicht eine Spur von Menschlichkeit."
> Eugen Roth, deutscher Lyriker (1895–1976)

Strategie 2: Achtsamkeit und den Moment wahrnehmen

Was glauben Sie? Wie viele Gedanken schwirren uns tagtäglich durch den Kopf? Wissenschaftliche Studien besagen, dass wir „ca. 60.000 einzelne Gedanken pro Tag denken, nur 3 Prozent davon seien jedoch positiver Natur".[14] Nun stellt sich natürlich die Frage, welcher Natur die anderen 97 Prozent unserer Gedanken sind, und es bleibt zu hoffen, dass sie nicht alle düster und negativ sind. Wie können wir das herausfinden und welchen Einfluss haben wir auf unser Gedankenleben?

Ich weiß nicht, wie es Ihnen geht, aber mein Geist macht immer innere Freudensprünge, wenn ich in mein Auto einsteige und losfahre. Denn dort hat er häufig freie Bahn, im Gegensatz zu mir, die regelmäßig im Ruhrgebiet im Stau steht. Hier kann er nämlich denken, denken, denken und nochmal denken. Wie abwesend ich beim Autofahren häufig bin, fällt mir ganz besonders dann auf, wenn mein Sohn neben mir sitzt und mich fragt, ob ich den Porsche, die schrille Werbung oder den griesgrämigen Fußgänger gesehen habe. Kinder leben im Hier und Jetzt, wie schön! Und trotzdem muss ich zugeben, dass ich mich manchmal gestört fühle, wenn ich durch solche „Weckrufe" meines fröhlich gestimmten Sohnes in die Gegenwart zurückgeholt werde, während ich gedankenversunken am Steuer sitze. Etwas tröstend ist die Einsicht, dass ich nicht die Einzige bin, die während der Autofahrt von ihren Gedanken entführt wird. Denn wenn ich hin und wieder die anderen Verkehrsteilnehmer beobachte, sehe ich in grübelnde, nachdenkliche, unzufriedene oder leblose Gesichter, die gedanklich mit allem Möglichen beschäftigt sind. Das funktioniert natürlich nur deshalb so gut, weil die meisten von uns das Autofahren automatisiert haben. Motor starten, kuppeln, schalten und losfahren – all das geht wie von selbst, ohne dass wir dieser Abfolge auch nur einen Gedanken zu schenken brauchen. Dennoch: Was wäre, wenn wir unsere nächste Autofahrt zur Achtsamkeitsfahrt deklarieren würden? Was wäre, wenn wir einmal bewusst darauf achten würden, wann und wie häufig wir im Autopilotmodus unterwegs sind?

In diesem Modus befinden wir uns immer dann, wenn wir nicht im Hier und Jetzt sind, sondern zum Beispiel darüber nachdenken, wie schlecht das Telefonat mit der Kollegin gelaufen ist, warum das Kind heute Morgen so unleidlich war, wie schwierig das bevorstehende Meeting sein wird oder wie viel Arbeit vor dem bevorstehenden Urlaub noch zu erledigen ist. Da ist die schlechte Laune während der Autofahrt doch schon vorprogrammiert ... „Und nun?", fragen Sie sich zurecht.

Gedanken kommen und gehen, daran können wir gar nichts ändern. Und dennoch sollten wir das nicht so einfach stehenlassen. Was können wir tun? Bereits Goethe hat die Macht der Gedanken erkannt, als er in Faust II vermerkte:

> „Es schaut der Geist nicht vorwärts, nicht zurück.
> Die Gegenwart allein ist unser Glück."
> Faust II – Johann Wolfgang von Goethe, deutscher Dichter (1749–1832)

Die Gegenwart also ist der Schlüssel zum Glück, doch was ist der Schlüssel zur Gegenwart? Der Schlüssel zur Gegenwart ist unsere Achtsamkeit. Bei Achtsamkeit geht es unter anderem darum, unsere „wandernde Aufmerksamkeit"[15] immer wieder zu zentrieren. Nach der Definition von Jon Kabat-Zinns, emeritierter Professor der University of Massachusetts Medical School in Worcester, bedeutet Achtsamkeit, „auf eine bestimmte Weise aufmerksam zu sein: bewusst, im gegenwärtigen Augenblick und ohne zu urteilen".[16] Durch Achtsamkeit haben wir die Chance, unsere Aufmerksamkeit ganz auf den gegenwärtigen Moment auszurichten, nach Möglichkeit vorurteilsfrei. Auf diese Weise können wir dem Sturm der Gedanken, der in unserem Kopf tobt, entkommen und ganz im Hier und Jetzt sein.

Achtsamkeit kann durch vielfältige Praktiken trainiert werden. Die bekannteste Praktik ist die Meditation, bei der man sich ganz auf seinen Atem fokussiert. Ja, Achtsamkeit bekommen wir nicht geschenkt, sie erfordert unseren festen Willen, Übung und auch Disziplin. Aber gerade als Führungskraft möchte ich Ihnen ans Herz legen, in der Hektik Ihres beruflichen Alltags immer mal wieder kurz innezuhalten, sich hinzusetzen, tief durchzuatmen, Ihren Atem zu beobachten, um den Moment und sich selbst bewusst wahrzunehmen. Hierfür reichen manchmal zwei bis drei Minuten aus. Selbst im Silicon Valley in den USA hat man erkannt, dass „Mindfulness" der „Brennstoff" für ein neues Bewusstsein ist. So finden beispielsweise bei Google sogenannte „mindful lunches" statt, das heißt Mittagessen, bei denen niemand ein Wort verliert und Schweigen ausdrücklich erwünscht ist.[17] Ziel ist es, sich in den 45 Minuten des gemeinsamen Essens auf jeden einzelnen Bissen zu konzentrieren. Dass auch deutsche Unternehmen neben Bosch und BASF Gefallen an Achtsamkeitsmethoden gefunden haben, zeigt uns die Aussage von Peter Bostelmann, derzeit Chief Mindfulness Officer des Walldorfer Software-Giganten SAP[18], der feststellt: „Der mit Abstand populärste Kurs bei der SAP weltweit ist das Achtsamkeitstraining."[19]

Also, warum es nicht einmal wagen? Neben entsprechenden Trainingsangeboten gibt es mittlerweile auch gute Apps wie *Headspace* oder *7 Mind*, die uns den Zugang zur Achtsamkeit erleichtern können. Ich habe jedenfalls die Erfahrung gemacht, dass eine Zeit der Stille und Ruhe dazu führt, dass ich in unserer hektischen und sich ständig verändernden Welt zu einer erfrischenden Besinnung gelange.

Strategie 3: Opfer oder Gestalter – your choice!

Vielleicht kennen Sie auch solche Sätze wie:

- „Warum muss das immer mir passieren?"
- „Da ist wieder über meinen Kopf hinweg entschieden worden und ich muss es ausbaden."
- „Der Druck von oben wird immer größer, aber daran kann ich eh nichts ändern."

Wie wirken diese Aussagen auf Sie? Was für eine Haltung steht dahinter? Was empfindet die betroffene Person, wenn sie solche Aussagen tätigt?

Tagtäglich sind wir Veränderungen ausgesetzt, Dingen, die unser Leben beeinflussen und die wir nicht ändern können. Was uns abends vor dem Zubettgehen noch „safe" erschien, worüber wir uns keine Gedanken machen mussten, kann am nächsten Morgen ganz anders sein. Als Mutter oder Vater wissen Sie, wie es ist, wenn Sie morgens zur Arbeit gehen wollen und Ihr Kind Sie fiebernd und mit glasigen Augen anschaut. Als Chefin oder Chef kennen Sie die Situation, wenn sich ein Mitarbeiter plötzlich krankmeldet und kein Ersatz in Sicht ist. Als Führungskraft ist es für Sie eine Herausforderung, wenn eine Entscheidung von „oben" Ihre Pläne durchkreuzt oder ein fähiger Mitarbeiter kündigt. Situationen wie diese kennen wir alle, die Frage ist nur, wie wir solche Ereignisse wahrnehmen und wie wir damit umgehen.

Nach dem US-amerikanischen Bestsellerautor Stephen R. Covey[20] gibt es zwei unterschiedliche Handlungsprinzipien, denen Menschen folgen, wenn sie mit Ereignissen konfrontiert werden, die sie vermeintlich nicht ändern können: Entweder folgen sie dem Opfer- oder dem Gestalter-Prinzip.

Menschen, die dem **Opfer-Prinzip** folgen, zeigen sich passiv und konzentrieren sich in der Regel ausschließlich auf die Umstände, die sie nicht ändern können. Sie empfinden sich als von den Umständen abhängig und folgen einem Reiz-Reaktions-Schema. Wenn das Wetter gut ist, fühlen sie sich gut, wenn es schlecht ist, fühlen sie sich schlecht. Sie sind stets Opfer der Umstände.

Menschen, die dem **Gestalter-Prinzip** folgen, fokussieren sich in den gleichen Situationen auf ihre Handlungsspielräume, ergreifen die Initiative und können so konstruktiv auf Veränderungen eingehen. Ihre Rolle ist nicht die eines Opfers, sondern die eines Gestalters. Sie tragen sozusagen das Wetter in sich.[21]

Häufig ist bei den Menschen, die die Haltung des Gestalters annehmen, ein weiteres übergeordnetes Handlungsprinzip manifestiert. Vielleicht kennen Sie es ja schon. Es ist das Prinzip „Love it, change it or leave it":

- Hinter **Love it** steht die Haltung, die neue Situation oder Veränderung anzunehmen.
- In der **Change it**-Haltung wird die Person versuchen, die Situation zu ändern.
- Bei der **Leave it**-Variante wird die Person aus der Situation aussteigen, sie also verlassen.

Bei allen drei Optionen sieht man sich nicht als Opfer. Selbst wenn man die Situation verlässt, tut man das, weil man sich dafür entschieden hat. Man bleibt also in jedem Fall Herr der Situation.

PERSÖNLICHKEIT: COCO CHANEL

Die Führungskraft, die mit der Kündigung eines Leistungsträgers konfrontiert wird, hat demnach zwei Optionen:

1. **Opfer-Prinzip:** Sie fokussiert sich darauf, welche Lücke der Mitarbeiter hinterlässt, und blickt ausschließlich auf ihre enttäuschten Erwartungen, die mit dem Weggang verbunden sind.
2. **Gestalter-Prinzip:** Sie schaut darauf, wie die Lücke geschlossen werden kann. Vielleicht versucht sie sogar, den Mitarbeiter umzustimmen, fragt nach den Gründen der Kündigung und überlegt, was sie verbessern kann, damit ein ähnlicher Fall zukünftig vermieden wird. Im Idealfall erkennt sie sogar, dass mit der Kündigung auch Chancen und neue Möglichkeiten verbunden sind.

Als ich selbst meinem ersten Arbeitgeber damals die Kündigung vorgelegt hatte, entgegnete mir dieser: „Das ist schade, aber Reisende soll man nicht aufhalten." Damit konnte sowohl ich als auch mein damaliger Chef gut leben. Wir sind also im Guten auseinander gegangen, auch wenn jeder von uns beiden meinen Weggang bedauert hat. Als kleines Trostpflaster konnte ich zumindest einen guten Nachfolger vorschlagen, der meine Funktion als Unternehmensjurist auch tatsächlich übernommen hat.

Gestatten Sie mir noch einen kurzen Schwenk zu unserer Hauptdarstellerin Coco Chanel. Kurz vor Beginn des Ersten Weltkriegs hatte sie ihre erste Modeboutique in Deauville eröffnet. Sollten ihre geschäftlichen Aktivitäten nun diesen schrecklichen und blutigen vier Weltkriegsjahren, die Millionen Soldaten und Zivilisten den Tod brachten, zum Opfer fallen? Oder war sie in der Lage, diese Zeit für ihre Mode nutzbringend einzusetzen? Die Antwort liegt auf der Hand. Ihr „Schaffensdrang" ließ sich auch nicht von einem Ereignis bremsen, das die ganze Welt in Atem hielt. Vielmehr gestaltete sie in dieser Zeit genau die Art von Kleidung, die die Menschen gerade in Frankreich brauchten, nämlich „praktische Kleidung mit viel Bewegungsspielraum". So stattete sie beispielsweise die aristokratischen Krankenschwestern in Deauville/Normandie, die für das Rote Kreuz zum Einsatz kamen, in „elegante weiße Uniformen" mit vornehmen Hauben aus, und landete damit einen Volltreffer. Entsprechend wimmelte es dort im Städtchen von unzähligen Chanel-Lookalikes. Selbst als der Stoff kriegsbedingt knapp wurde, scheute sie sich nicht, Jersey, der zur damaligen Zeit bevorzugt für Männerunterwäsche verwendet wurde, einzusetzen – ein absolutes No-Go für die elitäre Modewelt der Franzosen. Aber die Hände in den Schoß zu legen, war eben nicht ihr Ding, selbst nicht in Situationen, die zunächst aussichtslos erschienen. Später wurden übrigens ihre Kleider aus Jersey zum Dauerbrenner und brachten als Haute Couture ein Vermögen ein.

3. Selbstbewusstsein

Kein anderer Begriff ist so stark mit Coco Chanel verwoben wie das Selbstbewusstsein. Es platzte bei ihr sozusagen aus allen Nähten, es umgab sie wie eine Dunstwolke und hinterließ auch dann noch Spuren, wenn sie außer Sichtweite war. Und auch posthum ist es besonders das Attribut Selbstbewusstsein, das wir heute mit Coco Chanel verbinden.

Sie trug so selbstbewusst und selbstverständlich Hosen wie Männer, ging in ihrem eigens für Damen entworfenen Badeanzug baden, enthüllte Fesseln und befreite die weibliche Taille vom Korsett. Sie machte die Farbe Schwarz, die ursprünglich als Trauerfarbe galt, salonfähig, kürzte ihre langen Haare zum Bob und machte klare Ansagen und Statements: *„Frauen sind wichtiger als ihre Kleider."* oder der Klassiker: *„Mode ist vergänglich, Stil niemals."*

Ebenso umgab sie sich öffentlich mit berühmten Männern, wie zum Beispiel Pablo Picasso, Salvador Dali, Igor Stravinsky, Charlie Chaplin oder dem Herzog von Westminster. Mit ihnen stand sie auf Augenhöhe oder wählte einige von ihnen gar als Liebhaber aus – vorausgesetzt, der Mann ihrer Wahl verfügte über Talent, Intellekt und gerne auch einen Adelstitel. Auch ein Zusammentreffen mit Winston Churchill ließ sie sich nicht entgehen. All dies unterstreicht ihr selbstbewusstes Auftreten bzw. ihr selbstsicheres Handeln.

Darüber hinaus verstehe ich unter Selbstbewusstsein nicht nur das nach Außen gerichtete selbstbewusste Auftreten, sondern auch die Aufforderung, sich seiner selbst bewusst zu werden. Dieser Ansatz ist bereits im antiken Griechenland zu finden, genauer gesagt als Inschrift im damaligen Tempel des Apolls in Delphi. Dort hieß es: „Gnothi seauton", übersetzt: „Erkenne dich selbst." Dieses Sich-selbst-erkennen und -verstehen sowie die damit einhergehende Selbstbewusstheit sind Voraussetzungen für einen erfolgreichen Umgang mit sich selbst, aber auch mit anderen.

Die Biografie von Coco Chanel verweist ebenfalls auf Indizien, dass sie über sich selbst nachdachte, sich ihrer Selbst bewusst war. Doch wie reflektiert war die Mode-Ikone? Wie hat sie sich selbst beschrieben? Aussagen wie *„Ich muss hier raus, sonst ersticke ich am Nichtstun."* oder *„Das ist doch verlorene Zeit! Ein Leben im Leerlauf!"* zeigen auf, wie wichtig es ihr war, zu arbeiten und als Frau unabhängig zu sein. Auch über ihr Verhältnis zu Männern und zum Alleinleben reflektierte sie: *„Es ist vermutlich kein Zufall, dass ich allein lebe (…). Es wäre sehr schwierig für einen Mann, außer wenn er außerordentlich stark wäre, mit mir zu leben. Und es wäre unmöglich für mich, mit jemandem zu leben, der stärker ist als ich."*

Auffällig und beeindruckend ist auch ihre Haltung in Krisenzeiten oder Konfliktsituationen. So formulierte sie: *„Ich bin keine Heldin. Aber ich habe mich entschieden,*

PERSÖNLICHKEIT: COCO CHANEL

welche Person ich sein möchte und bin. Pech, wenn ich nicht gemocht werde oder unangenehm bin." Und über ihre eigene Widersprüchlichkeit schrieb sie: *„Ich biete Kontraste (...), es sind diese Kontraste, diese Gegensätze, die in mir aufeinanderprallen."*

Dies sind nur einige Beispiele dafür, wie bewusst sie über sich selbst nachgedacht hat, sich aber auch ihrer „Ecken und Kanten" sowie ihrer Wirkung auf andere bewusst war.

Das Wissen um die eigene Wirkung ist gerade für Führungskräfte immens wichtig. In meinen Coachings stelle ich immer wieder fest, dass sich Führungskräfte die Frage der eigenen Wirkung entweder nicht stellen oder sich nicht beantworten können. Nicht selten korreliert dies auch mit einer Diskrepanz zwischen Selbst- und Fremdwahrnehmung und ist häufig Ursache für Vertrauensverluste zwischen Mitarbeitern und Führungskräften. Aber dazu später mehr.

Als ich damals meine ersten beruflichen Erfahrungen als Unternehmensjuristin in Stuttgart machen durfte, nahm ich an einem internen Training mit dem Titel „Führungsgrundschule" teil. Auch wenn es schon eine Ewigkeit her ist, erinnere ich mich noch sehr gut an die Aussage des damaligen Trainers, dass eine gute Führung immer im Innen, also bei sich selbst anfängt. Diese These war damals für ihn das Einfallstor zu der Typenlehre des Schweizer Psychologen Carl Gustav Jung. Er gilt als Begründer der analytischen Psychologie, dessen Konzept der extravertierten und introvertierten Persönlichkeit noch heute fortwirkt und insbesondere in viele Persönlichkeitstests Eingang gefunden hat. Auch mich hat es damals sofort begeistert. Heute benutze ich dieses einfache und sehr anschauliche Modell gerne in meinen Seminaren im Rahmen der Selbstreflexion.

Im Vergleich zu introvertierten Menschen, die eher verschlossen, abwartend und in sich gekehrt auftreten, wirken extrovertierte[22] Menschen tendenziell eher aktiv, vorausgehend, begeisterungsfähig und dynamisch. Menschen unterscheiden sich anhand eines weiteren grundlegenden Charaktermerkmals, nämlich dahingehend, ob sie eher kopf- oder eher bauch-/gefühlsgesteuert sind. Beide Begriffspaare sind eher als Hilfskonstruktion der Selbstreflexion zu verstehen, als dass sie in aller Reinheit vorkommen. Schematisch und vereinfacht, lässt sich das Modell wie folgt darstellen:

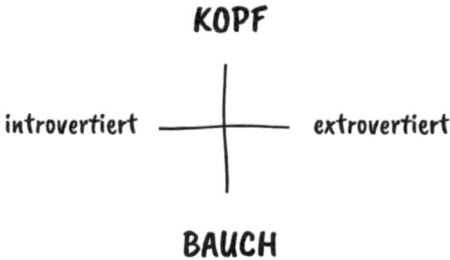

Etwas komplexer, aber auch aussagekräftiger, ist das Modell von William Edward „Ned" Herrmann, der sich von folgendem Gedanken leiten ließ:

> *„Indem du dich selbst verstehst und schätzt, wirst du auch lernen, andere zu verstehen und zu schätzen."*
> *William Edward Herrmann, US-amerikanischer Forscher (1922–1999)*

Ned Herrmann war lange Zeit bei General Electric für die Entwicklung der Führungskräfte verantwortlich. Von Hause aus Physiker zeichnete er sich neben seiner Tätigkeit als Manager auch als Sänger, Maler und Bildhauer aus. Diese Begabungsvielfalt in einer Person veranlasste ihn, über unterschiedliche „Dominanzen" im Denken und Handeln von Menschen zu forschen. Das Ergebnis seiner Forschung veranschaulichte er in einem Modell, dem sogenannten Herrmann Brain Dominanz Instrument (HBDI®), das seit Beginn der 1980er-Jahre in der Personalentwicklung eingesetzt wird. Das Modell zeigt vier unterschiedliche Denkstile auf, die in vier Quadranten abgebildet werden:

- Der **A-Quadrant** steht für logisch, analytisch und rational.
- Der **B-Quadrant** steht für kontrolliert, strukturiert und planend.
- Der **C-Quadrant** steht für emotional, expressiv und zwischenmenschlich.
- Der **D-Quadrant** steht für kreativ, integrierend und konzeptionell.

Anhand eines 15- bis 20-minütigen Fragebogens können Anwender für sich herausfinden, welcher Denkstil bevorzugt von ihnen eingesetzt wird. Die Auswertung der Fragen ergibt ein Abbild der präferierten Denkstile, welche sich dann im sogenannten HBDI®-Einzelprofil wiederfinden. Dieses Einzelprofil ist ebenfalls Grundlage für Zwei-Personen- und Teamprofile.[23]

Begeistert von dem einfachen und trotzdem wirkungsvollen Instrument, habe ich mich bereits 2006 von Herrmann International mit Sitz in Weilheim/Oberbayern zur zertifizierten Trainerin ausbilden lassen und kann dieses Tool auf Wunsch meiner Klienten erfolgreich in unsere gemeinsame Arbeit integrieren. In Vorträgen und Seminaren zum Thema Selbst- und Fremdwahrnehmung greife ich deshalb gerne auf eine vereinfachte Darstellung des Modells zurück:

PERSÖNLICHKEIT: COCO CHANEL

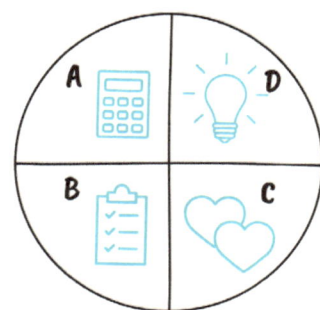

- **Der Taschenrechner (A-Quadrant):** Er steht bildhaft für die Eigenschaften logisch, rational, analytisch und quantitativ. Menschen mit dieser Denkpräferenz sind eher kritisch, realistisch und lieben Zahlen.
- **Die Liste (B-Quadrant):** Sie symbolisiert organisiertes, strukturiertes, ordentliches und kontrolliertes Denken. Menschen mit dieser Ausprägung planen in der Regel gerne und scheuen eher das Risiko.
- **Die zwei Herzen (C-Quadrant):** Sie stehen für die Eigenschaften mitfühlend, hilfsbereit, mitteilsam und emotional. Präferenzen in diesem Bereich zeichnen einen gefühlsbetonten und expressiven Menschen aus.
- **Die Glühbirne (D-Quadrant):** Sie symbolisiert Risikofreudigkeit, Kreativität, Innovativität und Neugierde. Menschen mit diesen Eigenschaften mögen Überraschungen, sind konzeptionell sehr stark und verfügen über ein großes Maß an Intuition.

Vermutlich ist Ihnen beim Lesen aufgefallen, dass die jeweils schräg gegenüberliegenden Quadranten einen geradezu entgegengesetzten Denkstil aufweisen: der Taschenrechner steht in Opposition zu den zwei Herzen und die Glühbirne zur Liste. Spannend ist es zu beobachten, wie sich Menschen mit dem jeweils entgegengesetzten Denkstil wahrnehmen können, wenn sie sich begegnen, miteinander arbeiten oder wenn sie in einem Verhältnis Vorgesetzter und Mitarbeiter zueinanderstehen.

- Der **Taschenrechner kann** auf die zwei Herzen wie folgt wirken:
  regide, kalt, rücksichtslos und kalkulierend
- Die **Herzen können** auf den Taschenrechner wie folgt wirken:
  übersensibel, unprofessionell und sentimental
- Die **Glühbirne kann** auf die Liste wirken als:
  unfokussiert, impulsiv, vage, rät herum
- Die **Liste kann** auf die Glühbirne wirken als:
  pedantisch, rechthaberisch, in Routine gefangen und langweilig

Andererseits können Menschen mit entgegengesetzten Denkstilen voneinander profitieren, wenn sie sich mit Wohlwollen und gegenseitiger Wertschätzung begegnen. Mit dem Bewusstsein, dass Menschen unterschiedlich ticken, können wir mehr Akzeptanz und Verständnis für die unterschiedlichen Denk- und Verhaltensstile des jeweils anderen entwickeln. Die Folgen können im Idealfall eine erfolgreiche Zusammenarbeit und eine dauerhafte Beziehung zwischen zwei Menschen sein. Bezogen auf ein Team kann dieses Verständnis zum einen die Entwicklung einer „Wir-Intelligenz" fördern, zum anderen kann die Diversität im Denken der Teammitglieder fruchtbar und zielfördernd im Sinne des Unternehmens wirken. Im Übrigen schafft die so hergestellte Transparenz Vertrauen im Miteinander.

Strategien für mehr Selbstbewusstsein

Abschließend möchte ich Sie ermutigen, diese Denkstil-Analyse selbst einmal auszuprobieren. Sie leistet auf jeden Fall einen Beitrag zu unserer eigenen Selbstbewusstheit. Darüber hinaus möchte ich Ihnen drei weitere Strategien zur Festigung Ihres Selbstbewusstseins mit auf den Weg geben.

Strategie 1: Schluss mit falscher Bescheidenheit

Als es noch Mode war, sich gegenseitig gut gemeinte Lebensweisheiten in ein Poesiealbum zu schreiben, war unter anderem folgendes Verslein sehr beliebt:

> *„Sei wie das Veilchen im Moose, sittsam, bescheiden und rein*
> *und nicht wie die stolze Rose, die immer bewundert will sein."*

Zu meiner Kindheit war der Spruch in jedem Album meiner damaligen Schulfreundinnen zu finden, aber nicht bei den Jungs – für die galten andere Maßstäbe. Was aber bedeutet dieser Vers? Mädchen dürfen blühen, aber bitte schön im Verborgenen! Dazu sollten sie sich noch sittsam, bescheiden und rein verhalten. Eines ist sicher: In diesem Schattendasein bzw. mit dieser Haltung bringen Sie Ihr Charisma nicht zum Klingen. Also, was halten Sie von dieser Variante:

> *„Sei nicht wie das Veilchen im Moose: sittsam, bescheiden und rein.*
> *Du kannst ruhig wie die Rose ein bisschen stachelig sein."*
> (Verfasser unbekannt)

PERSÖNLICHKEIT: COCO CHANEL

Strategie 2: Grenzen überschreiten

Lust auf eine Denksportaufgabe? Wenn ich diese Frage in meinen Seminaren stelle, erhalte ich die unterschiedlichsten Reaktionen, von „Na klar, warum nicht?" bis hin zu: „Nee, lassen Sie mal, wir sind doch hier nicht in der Schule." Die Zauderer beugen sich zwar in der Regel der Mehrheit der Knobelfreudigen, so dass ich sie wie folgt am Flipchart aufmalen und mündlich stellen kann.

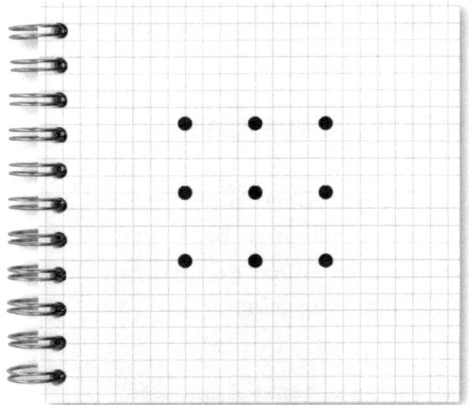

Die zugehörige Aufgabe lautet: Verbinden Sie die neun Punkte mit vier Geraden, ohne den Stift abzusetzen. Jeder für sich allein! (Die Lösung finden Sie übrigens am Ende des Kapitels – aber noch nicht spicken!)

Die Verhaltensweisen meiner Seminarteilnehmer während der Bearbeitung sind genauso unterschiedlich wie die Kommentare vor der Aufgabenstellung. Manche machen sich frisch ans Werk, andere versuchen, die Lösung zunächst im Geiste zu finden, bevor sie den Stift in die Hand nehmen, manche gehen ins Gespräch mit dem Nachbarn und versuchen, die Aufgaben gemeinsam zu lösen, obwohl der Auftrag ja ein anderer war. Und der Rest tut die Aufgabe nach einiger Zeit des erfolglosen Ausprobierens mit den Worten ab: „Wie soll das denn gehen?" Dabei lehnen sie sich auf ihrem Stuhl demonstrativ zurück und schieben ihr Blatt mit den Lösungsversuchen abwertend zur Seite. Ich kann dieses Verhalten gut verstehen, denn in unserer Leistungsgesellschaft zeigt man keine Schwächen oder möchte gar als Versager dastehen.

Aber darum geht es mir hier nicht. Viel interessanter finde ich die Reaktion einiger Teilnehmer, wenn ich ihnen die Lösung präsentiere. Dann heißt es nämlich in den meisten Fällen: „Sie haben uns ja nicht gesagt, dass wir den Rahmen verlassen dürfen!"

Spätestens jetzt dürfen Sie zum Ende des Kapitels blättern, um sich die Lösung anzuschauen, falls Sie sie noch nicht kennen.

Für mich zeigt der Umgang mit dieser Denksportaufgabe, dass wir uns häufig unserer selbst gesetzten Grenzen gar nicht bewusst sind. Wir nehmen uns dadurch jedoch viele Chancen, beschränken unser Potenzial und verhindern ggf. auch das Erreichen von Lösungen bzw. Zielen. Diese Aufgabe ist ein gutes Bespiel für den Satz: Grenzen existieren nur in unseren Köpfen.

Auch die Geschichte des angeketteten Elefanten ist ein anschaulicher Beleg dafür.

Strategie 3: Kennen Sie Ihren blinden Fleck?

Ein stabiles Selbstbewusstsein kommt nicht um die Beschäftigung mit der Frage nach dem eigenen blinden Fleck herum. Der blinde Fleck entsteht, wenn Selbst- und Fremdbild nicht kongruent, also deckungsgleich sind. Entsprechend ist ein Abgleich zwischen Selbst- und Fremdwahrnehmung, das heißt dem Vergleich zwischen Selbst- und Fremdbild erforderlich. In der Sozialpsychologie ist der blinde Fleck der Teil unseres Verhaltens, den wir nicht kennen oder der uns einfach noch nicht bewusst ist.

Es stellt sich also die Frage, inwieweit Sie und ich über einen solchen blinden Fleck verfügen und wie wir unser Unbekanntes ausfindig machen können.

Das psychologische Modell, das ich in meinen Seminaren anwende, um zu verdeutlichen, wie ein solcher blinder Fleck entsteht und aufgelöst werden kann, ist das sogenannte Johari-Fenster. Das Wort „Johari" ist ein Kunstwort. Es entstand aus den beiden Vornamen der US-amerikanischen Sozialpsychologen Joseph Luft und Harry Ingham, die dieses Tool 1955 entwickelten.

Das Modell erinnert an den Aufbau eines Fensters, das in vier Teile untergliedert ist. Diese vier Teile repräsentieren uns als öffentliche sowie als private Person, unseren blinden Fleck und unser Unbewusstsein.

- **Öffentliche Person**: Eine öffentliche Person sind Sie beispielsweise bezogen auf die Verhaltensweisen, die Ihnen und Menschen in Ihrem Umfeld bekannt sind.
  Beispiel: Sie sind sich darüber bewusst, dass Sie keine geduldige Person sind, auch Ihre Familie und Ihre Arbeitskollegen kennen dieses Verhalten von Ihnen.
- **Private Person**: Eine private Person sind Sie hinsichtlich Verhaltensweisen oder Aspekten Ihrer Persönlichkeit, die zwar Ihnen, nicht aber anderen Personen bekannt sind.
  Beispiel: Sie haben Prüfungs- oder Höhenangst. Das ist Ihnen so unangenehm, dass Sie so gut es geht Situationen vermeiden, in denen diese Angst zum Vorschein käme.

- **Blinder Fleck:** Dieser Bereich bezieht sich auf den Teil Ihres Verhaltens, der Ihnen nicht bewusst ist, allerdings Ihre Außenwirkung prägt. Für andere ist etwas sichtbar, das Sie selbst an sich oder in Ihrem Verhalten nicht wahrnehmen.
  Beispiel: Bei Präsentationen kratzen Sie sich häufig nervös am Kopf oder setzen Ihre Brille auf und ab. Oder Sie neigen dazu, andere Menschen im Gespräch zu unterbrechen, nicht aufmerksam zuzuhören oder in Diskussionen dominant und einschüchternd aufzutreten. Oder es ist Ihnen nicht bewusst, dass Sie im Gespräch Ihrem Gegenüber nicht oder selten in die Augen schauen. In meinen Trainings mit Führungskräften sind diese immer wieder verblüfft, wenn ich vorsichtig anmerke, dass sie im Rahmen ihrer Präsentationen kein einziges Mal gelächelt haben.
- **Das Unbewusste:** Hier geht es um ein Verhalten, das weder wir selbst von uns kennen noch unser Umfeld. Es tritt erst dann zutage, wenn wir in Situationen geraten, die uns sehr herausfordern.
  Beispiel: Einer meiner Klienten erzählte mir, dass er bei einer Präsentation für seinen Chef einspringen musste. Die Nacht davor war für ihn sehr schrecklich, weil er voller Sorge und Angst war, alles zu vermasseln. Doch es kam anders, denn am nächsten Tag wuchs er bei seiner Präsentation über sich selbst hinaus und alle waren voller Lob ob seiner Performance. Wie schön, dass er auch diese Seite von sich kennenlernen durfte.

Hier eine grafische Darstellung dieses Modells:

Das Johari-Fenster: Selbst-/Fremdeinschätzung

ÖFFENTLICHE PERSON (ARENA)	BLINDER FLECK
mir bekannt anderen bekannt	mir unbekannt anderen bekannt
PRIVATPERSON (GEHEIMNIS)	**DAS UNBEWUSSTE**
mir bekannt anderen unbekannt	mir unbekannt anderen unbekannt

Je größer unser blinder Fleck ist, desto weniger realistisch können wir unsere Wirkung auf andere einschätzen.

Wie nun lässt sich unser blinder Fleck maximal verkleinern und in Folge unsere Selbsteinschätzung verbessern? Am besten gelingt dies durch ein offenes Feedback, durch einen „ehrlichen Spiegel", den andere – Partner, Freunde oder Kollegen – uns vorhalten. Feedback heißt Rückmeldung/Rückkopplung. Wörtlich übersetzt heißt Feedback eigentlich „Rückfütterung". Durch diese Methode erhalten wir beispielsweise eine Rückmeldung über unser Verhalten und damit über unsere Wirkung.

Feedback hat auch im betrieblichen Bereich eine wichtige Funktion. In meinen Coachings und Trainings stelle ich gerne die Frage, ob es in den Unternehmen eine Feedback-Kultur gibt und wie diese aussieht. Denn Menschen und auch Organisationen können nur dann weitere Entwicklungsschritte gehen und Veränderungen herbeiführen, wenn sie offen für Feedback sind und damit ihre blinden Flecke nach und nach verkleinern.

Allerdings braucht eine erfolgreiche Feedback-Kultur auch Regeln. Die goldenen Regeln des Feedbacks für Geber und Nehmer lauten:

Für den wohlwollenden Feedback-Geber
- Fragen Sie, ob Ihr Feedback überhaupt willkommen ist.
- Fangen Sie mit den positiven Aspekten an.
- Formulieren Sie so konkret und klar wie möglich.
- Bringen Sie Ihr Feedback zeitnah vor.
- Senden Sie Ich-Botschaften anstelle von Du-Botschaften.
- Vermeiden Sie moralische Verurteilungen.
- Verstehen Sie Ihr Feedback lediglich als Angebot.

Für den zugetanen Feedback-Nehmer
- Hören Sie zunächst aufmerksam zu.
- Lassen Sie den Feedback-Geber aussprechen.
- Sie entscheiden, welche Rückmeldung Sie annehmen wollen.
- Stellen Sie Klärungsfragen, wenn nötig.
- Vermeiden Sie, sich zu rechtfertigen.
- Machen Sie sich bewusst, dass Feedback keine Kritik an Ihrer Person, sondern ein Spiegel Ihrer Performance ist.

4. Selbstliebe

„Ich liebe mich so, wie ich bin – egal, was auch geschieht!" Haben Sie jemanden diesen Satz schon einmal ehrlich sagen hören? Wie, Sie auch nicht?

Okay, zweiter Versuch. Wie ist es mit diesen Aussagen:

- „Ich bin nicht gut genug."
- „Ich bin zu dick."
- „Ich bin zu blöd."
- „Ich bin nicht kompetent genug."
- „Ich bin nicht vom Fach."

Haben Sie jemanden diese Sätze schon einmal ehrlich sagen hören? Kann es sein, dass dieser Jemand Sie selbst gewesen sind? Sie wissen vermutlich bereits, worauf ich hinaus will. Denn wie häufig gehen wir allzu kritisch mit uns um, ziehen abstruse Vergleiche, führen negative Selbstgespräche und fühlen uns am Ende ganz schlecht, ausgelaugt und wertlos ob der zahlreichen Unfreundlichkeiten, die wir uns selbst an den Kopf geworfen haben. Würden Sie sich solch ein Verhalten von einem anderen Menschen gefallen lassen? In diesen, ich nenne sie mal Selbstsabotage betreibenden Momenten sind wir Lichtjahre von dem entfernt, was sich Selbstliebe nennt. Aber was ist Selbstliebe überhaupt und was hat sie mit Charisma zu tun?

Nähern wir uns dieser Frage zunächst mit der Vorstufe der Selbstliebe, der Selbstsorge. Die Sorge um die eigene Person ist gut und wichtig. Immerhin handelt es sich dabei um eine wesentliche Grundausstattung, die uns die Natur mitgegeben hat. Denn „alles Leben will leben und weiterleben".[24] Dies ist ohne die Sorge um das eigene Wohlergehen kaum möglich.

Bei jeder Flugreise, die ich unternehme, wird mir dieser Gedanke der vorrangigen Selbstsorge wieder bewusst gemacht, wenn die freundlichen Flugbegleiterinnen oder Stewarts auf den sicheren Umgang mit der Sauerstoffmaske hinweisen: „Bei einem Druckverlust in der Kabine fallen die Atemmasken aus den Fächern über Ihren Kopf herunter. Zur Sicherheit verhalten Sie sich bitte wie angezeigt:

1. Ziehen Sie die Maske zu sich herunter.
2. Platzieren Sie die Sauerstoffmaske über Mund und Nase.
3. Fixieren Sie die Maske mit dem Band hinter Ihrem Kopf und ziehen Sie die Maske mit den elastischen Bändern an beiden Seiten stramm und atmen normal weiter.
4. **Erst wenn Sie Ihre eigene Maske aufgesetzt haben**, helfen Sie bitte anderen, die Probleme bei der Verwendung haben oder nicht an ihre Maske kommen."

Die vorrangige Selbstsorge ist auch eine wichtige Grundregel der Bergsteiger und lautet: Als Bergsteiger kannst du nur dann helfen, wenn du selbst stabil (am Berg) bist. Wenn du nicht stabil bist, schau zuerst auf dich!

Historisch betrachtet, belegen bereits frühe Zeugnisse den Wert der Selbstliebe. So gaben bereits Sophokles und Euripides, zwei der bedeutendsten griechischen Tragödiendichter, den Ratschlag „sich selbst zum Freund zu haben". Und auch Aristoteles sprach davon, „dass es gerade die gesunde Selbstliebe sei, die Menschen motiviere, ihre Tugenden auszubilden". Die Krönung dessen erfolgt im bekannten und gerne zitierten Bibelvers: „Liebe deinen Nächsten wie dich selbst" (Lukas 10.27), worin auch zum Ausdruck kommt, dass die Selbstliebe sogar das Fundament für die Nächstenliebe darstellt.

Lassen Sie uns Selbstliebe als eine grundlegende und dauerhafte Haltung verstehen, die dazu führt, dass wir „achtsam, offen, freundlich und fürsorglich mit uns selbst"[25] umgehen.

Das Gegenteil zu achtsamer und fürsorglicher Selbstliebe wäre die Selbstverliebtheit oder auch Narzissmus genannt. Narzisstische Menschen sind extrem auf sich selbst bezogen, gegenüber negativer Kritik häufig immun, überschätzen sich maßlos und sind kaum an anderen Menschen interessiert. Auch dieser Begriff entstammt der griechischen Mythologie. Darin wird von dem schönen, stolzen und überheblichen jungen Mann namens Narziss berichtet, der von der Göttin Nemesis damit bestraft wird, ausschließlich sich selbst lieben zu können und schließlich seiner Selbstliebe zum Opfer fällt, als er sein Spiegelbild im Wasser umarmen will.

Wir tun also gut daran, uns ein gesundes Maß an Selbstliebe, die gleichzeitig die Nächstenliebe mit einschließt, zu erlauben. Beides, Selbstliebe und Nächstenliebe, bedingen sich wechselseitig. Denn Nächstenliebe und die Aufmerksamkeit für unser Gegenüber funktionieren nur, wenn wir mit uns selbst in Frieden leben und unser Leben aus eigener Kraft in Balance halten. Dann sind wir auch in der Lage, unserem Gegenüber die Aufmerksamkeit zu schenken, die im Allgemeinen jedem Menschen gebührt.

Denn wenn wir uns nicht selbst lieben, entfernen wir uns von uns selbst. Wir tun Dinge, um von anderen geliebt zu werden, müssen uns und anderen ständig etwas beweisen und buhlen um Anerkennung und Bestätigung. Vielleicht können Sie sich vorstellen, wie anstrengend und aufzehrend eine solche Lebensweise sein kann. Folgen wir diesem Antrieb, sind wir weit davon entfernt, authentisch und damit charismatisch zu wirken. Aber dazu später (siehe Charisma-Faktor 5). So folgt Charisma zu guter Letzt also der Haltung, ganz bei sich und zugleich ganz bei seinem Mitmenschen zu sein.

Auch Coco Chanel hat erkannt, dass wahre Schönheit in dem Moment beginnt, in dem wir entschieden haben, wir selbst zu sein, das heißt, uns so anzunehmen, wie wir sind.

Ebenso vertrat sie mit ihren Erfahrungen einer tragischen Kindheit die selbstliebende und sich zugekehrte Haltung: *„Wenn man schon ohne Flügel geboren wurde, darf man sie am Wachstum nicht hindern."*

Um uns der eigenen Selbstliebe zu widmen, bieten sich zum Beispiel folgende Impulsfragen an:

- Bin ich mit dem Herzen bei dem, was ich tue?
- Stimmt mein Leben, so wie es derzeit ist?
- Lebe ich oder überlebe ich nur?

Strategien zu mehr Selbstliebe

Strategie 1: Schaffen Sie sich Seelenzeiten.

Damit sind Zeiten gemeint, in denen Sie ungestört ganz bei sich sein können, um wieder in Kontakt mit Ihrer Seele zu treten. Wie Sie diese Auszeit, dieses Disconnected-Sein bzw. dieses Nicht-ständig-erreichbar-Sein gestalten, ist Ihnen überlassen. Eine derzeit angesagte und ursprünglich aus Japan stammende Methode ist das Waldbaden. Ich muss zugeben, dass ich sie noch nicht selbst ausprobiert habe. Vielleicht liegt es daran, dass ich mich täglich mit meiner Hündin in der Natur aufhalte und diese Zeit als Seelenraum oder als Power-Bank benutze, um den Kopf frei zu bekommen. Auch beim Waldbaden geht es darum, die Natur um uns herum mit allen Sinnen wahrzunehmen, zu spüren und zu genießen, um uns wieder zu zentrieren. Solche Momente sind wahrhaftige Geschenke an uns selbst.

Strategie 2: Vom Gehorchen zum In-sich-hineinhorchen

Diese Strategie basiert auf dem Ansatz, dass wir von Kindheit an immerzu auf andere Menschen, in dem Fall zunächst unseren Eltern gehorcht haben, um mit Lob, Aufmerksamkeit und Anerkennung bedacht zu werden. Damals war das auch wichtig und richtig, weil wir noch klein, unerfahren und unwissend waren und daher die Fürsorge und den Goodwill unserer Eltern brauchten. Aber auch als Erwachsene verhalten sich viele Menschen noch nach dem alten Muster. Immer noch tun sie das, was andere von ihnen erwarten oder um anderen zu gefallen. Immer noch verhalten sie sich auf eine bestimmte Art und Weise, immer noch müssen sie anderen etwas beweisen, um in den Genuss der Anerkennung zu kommen. Was sie selbst wollen, was ihnen selbst guttut, was ihre eigenen Bedürfnisse sind, haben sie durch den ständigen

SELBSTLIEBE

Blick nach Außen verlernt bzw. erst gar nicht entwickeln können. Sie horchen nicht in sich hinein und haben dadurch den Bezug zu sich selbst verloren, fühlen sich leer und orientierungslos.

Häufig spreche ich mit Menschen, die keinen Sinn mehr darin sehen, was sie beruflich tun, die frustriert sind, weil sie sich jeden Tag abrackern, aber nicht die Anerkennung bekommen, die sie sich wünschen. Menschen, die im Beruf alles „richtig" machen, und dann trotzdem ein anderer Kollege in den Genuss der Beförderung kommt. Diese Mitarbeiter haben alles gemacht, was von ihnen erwartet wurde, haben sich bis zur Selbstaufgabe angepasst und keiner dankt es ihnen. Traurig sind auch die Momente für ehemalige Führungskräfte oder Vorstände, wenn diese zu Unternehmensfeiern eingeladen werden und erleben, dass nicht einmal mehr ihr Name unter den anwesenden jüngeren Kollegen bekannt ist, geschweige denn das, was sie einstmals für die Firma erreicht haben. Von einer Würdigung oder Wertschätzung mal ganz abgesehen.

Abschließend habe ich noch ein Zitat für Sie, mit dem ich Sie einladen möchte, nicht an sich vorbeizuschauen, sondern innezuhalten und sich bewusst zu machen, was für ein wertvoller Mensch Sie sind – falls Sie das nicht schon längst wissen!

> „Die Menschen machen weite Reisen, um zu staunen über die Höhe der Berge,
> über die riesigen Wellen des Meeres, über die Länge der Flüsse,
> über die Weite des Ozeans und über die Kreisbewegungen der Sterne.
> An sich gehen sie vorbei, ohne zu staunen."
> Kirchenlehrer Augustinus von Hippo (354–430 n. Chr.)

Auflösung des 9-Punkte-Rätsels

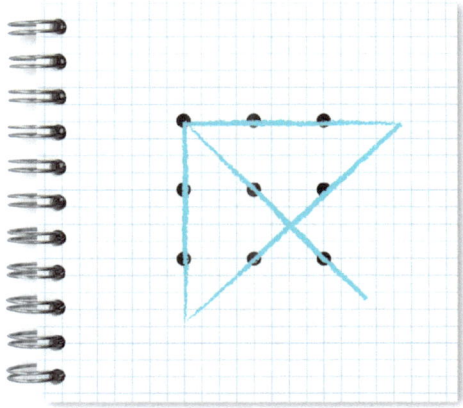

CHARISMA-FAKTOR 2: VISION

MARTIN LUTHER KING

„Man sollte im Leben an etwas glauben können,
so leidenschaftlich glauben können,
dass man ein Leben lang für diese Überzeugung
eintreten kann."

Martin Luther King (1929–1968)

© Library of Congress – https://commons.wikimedia.org/wiki/File:Martin_Luther_King_press_conference_01269u_edit.jpg

Es ist bereits später Nachmittag, als Martin Luther King am Mittwoch, den 28. August 1963 an das Rednerpult tritt und die berühmteste Rede des 20. Jahrhunderts vor einer viertel Million Menschen in Washington D. C. eröffnet: „Ich freue mich, heute mit euch an diesem Ereignis teilzunehmen, das als größte Demonstration für die Freiheit in die Geschichte unserer Nation eingehen wird."[26]

Frauen, Männer und Kinder sind bereits am frühen Morgen aus allen Teilen der USA mit mehr als 2000 Bussen und über 20 Sonderzügen angereist, um an der größten Kundgebung der Bürgerrechtsbewegung für Beschäftigung und Freiheit (Marsh on Washington for Jobs and Freedom) teilzunehmen. Plakate mit der Aufschrift: „Jobs for all! Now!", „Voting rights! Now!" oder „Equal rights! Now!" ragen aus der Menschenmenge heraus. Die amerikanische Hauptstadt erwartete eine „Invasion Tausender Neger"[27]*, die weder in der Lage waren, eine solche Großveranstaltung zu organisieren, geschweige denn, sie gewaltfrei ablaufen zu lassen. Vermutlich war man an diesem Tag in keiner anderen Stadt Amerikas sicherer als in Washington D.C., ob der Massen an Polizeikräften, Security-Leuten und schwer bewaffneten Soldaten der Nationalgarde. Dass diese Aufrüstung lediglich den vielen Vorurteilen der Weißen geschuldet war, zeigte sich auch daran, dass die Veranstaltung bis zum Schluss friedlich ablief. Ganz im Sinne der Organisatoren, die bereits im Vorhinein deutlich hervorgehoben hatten, dass die Versammlung „stolz, aber nicht arrogant, gewaltlos, aber nicht ängstlich, und freimütig, aber nicht verletzend"*[28] *sein sollte – gerade angesichts der Tatsache, dass die ganze Welt auf diesen Tag schauen werde.*

Unter den Zuschauern waren auch viele Weiße und prominente Persönlichkeiten wie Joan Baez, Bob Dylan, Harry Belafonte, Marlon Brando und Burt Lancaster. Das Jahr und der Ort für diese Kundgebung wurde von den Initiatoren deshalb gewählt, weil 100 Jahre zuvor (1. Januar 1863) die Emanzipationsproklamation in Kraft getreten war, die zuvor durch Präsident Abraham Lincoln erklärt wurde. Damals war dies ein erster wichtiger Schritt zur Abschaffung der Sklaverei in den Vereinigten Staaten von Amerika, auch wenn die rechtlich bindende Wirkung zunächst lediglich die Südstaaten betraf, die noch Teil der konföderierten Staaten von Amerika waren, und nicht die Nordstaaten.

„In gewissem Sinne sind wir in die Hauptstadt unseres Landes gekommen, um einen Scheck einzulösen. Als die Architekten unserer Republik die großartigen Worte der Verfassung und der Unabhängigkeitserklärung schrieben, unterzeichneten sie einen Schuldschein, zu dessen Einlösung alle Amerikaner berechtigt sein sollten. Dieser Schein ent-

VISION: MARTIN LUTHER KING

hielt das Versprechen, dass allen Menschen – ja, schwarzen Menschen ebenso wie weißen – die unveräußerlichen Rechte auf Leben, Freiheit und den Anspruch auf Glück garantiert würden. Es ist heute offenbar, dass Amerika seinen Verbindlichkeiten nicht nachgekommen ist, soweit es die schwarzen Bürger betrifft. Statt seine heiligen Verpflichtungen zu erfüllen, hat Amerika den Schwarzen einen Scheck gegeben, der mit dem Vermerk zurückgekommen ist: ‚Keine Deckung vorhanden.'"

Mit der Metapher vom ungedeckten Scheck wollte Martin Luther King deutlich machen, dass nun die Zeit der Versprechungen vorbei und es mehr als überfällig sei, diesen Scheck einzulösen, um zu wahrer Demokratie und einer umfassenden Freiheit nicht nur für Schwarze, sondern auch für Weiße zu kommen. Dieses in seiner Rede verwendete Bild war stark, aber nicht stark genug, um die Herzen der Menschen in Gänze zu erreichen. „Inspiriert von der Resonanz" der Zuhörerinnen und Zuhörer sowie dem Zuruf seiner Freunde „Tell them about the dream, Martin!", löste er sich daher gegen Ende seiner Redezeit von seinem Manuskript und ließ seinen Worten sowie seiner Stimme freien Lauf. Eingeleitet durch den Refrain „I have a dream", entwickelte M. L. King aus der Situation heraus „Zukunftsbilder der Versöhnung" für alle Menschen, Bilder, die Hoffnung machten, Mut gaben, nach Gleichheit strebten, Vorurteile überwanden, Freiheit versprachen sowie Gerechtigkeit und Brüderlichkeit zeigten und helfen sollten, Rassismus und Krieg zu überwinden.

„Heute sage ich euch, meine Freunde, trotz der Schwierigkeiten von heute und morgen, habe ich einen Traum. Es ist ein Traum, der tief verwurzelt ist im amerikanischen Traum. Ich habe einen Traum, dass eines Tages diese Nation sich erheben wird und der wahren Bedeutung ihres Credos gemäß leben wird: ‚Wir halten diese Wahrheit für selbstverständlich: dass alle Menschen gleich erschaffen sind.' Ich habe einen Traum, dass eines Tages auf den roten Hügeln von Georgia die Söhne früherer Sklaven und die Söhne früherer Sklavenhalter miteinander am Tisch der Brüderlichkeit sitzen können. Ich habe einen Traum, (…) Ich habe einen Traum, dass meine vier kleinen Kinder eines Tages in einer Nation leben werden, in der man sie nicht nach ihrer Hautfarbe, sondern nach ihrem Charakter beurteilen wird."

Die Menschen jubelten. King schien die Sehnsüchte und Wünsche der Zuhörer in einer verständlichen und überzeugenden Sprache auf den Punkt gebracht zu haben. Er wusste, dass die Menschen, die in diesem System der täglichen Demütigungen und Ungerechtigkeiten lebten, genauso wie er Träume und Visionen brauchten, um die Hoffnung nicht zu verlieren. Er wusste, dass Visionen Menschen eine Richtung und Orientierung geben können und dass sie der Motor dafür sind, Ideen und Träume umzusetzen. Er wusste, dass diese Hoffnungsbilder das Selbstbewusstsein der schwarzen Bevölkerung zum Klingen bringen und ihnen Mut machen kann, ihre Stimme gegen die Unterdrücker zu erheben.

Und damit sind wir auf unserer Reise schon beim zweiten Charisma-Faktor angelangt und der Persönlichkeit, die diesen Faktor so einzigartig abbildet: der Vision und Martin Luther King, der am 15. Januar 1929 als zweites Kind des Pastors Martin Luther King sen. und seiner Frau Alberta in Atlanta, Georgia, geboren wurde. Auf seiner Geburtsurkunde hieß er übrigens noch Michael King. Die Namensänderung von Vater und Sohn erfolgte später, als King sen., beeindruckt vom Leben und Wirken des deutschen Reformers Martin Luther, von seiner Deutschlandreise im Jahr 1934 zurückkehrte.

King jun. hatte aber nicht nur eine klare Vorstellung von der zukünftigen Wirklichkeit, sondern er besaß darüber hinaus das Rüstzeug dafür, dass seine Vision nicht nur ein Tagtraum blieb. Denn seinem Zukunftsbild lagen konkrete Ziele zugrunde, die durch bestimmte Strategien umgesetzt werden sollten. Zudem verfügte er über die nötige innere Kraft, um sich bei der Umsetzung seiner Ziele und seiner Strategien den Widerständen zu stellen. Und er war in der Lage, andere durch seine Person zu inspirieren. Daraus lassen sich die vier Merkmale, die für den Charisma-Faktor „Vision" wesentlich sind, ableiten:

1. Ziele
2. Strategie
3. Inspiration
4. Resilienz

Aber zunächst: Welche Vision hatte Martin Luther King? Ehrlich gesagt, glich Kings Vision anfangs nur einem kleinen Pflänzchen. Zunächst begnügte er sich damit, dass den Schwarzen eine höfliche Behandlung durch die Weißen zuteil werden sollte. Erst im Laufe seines Wirkens, in den Jahren 1955 bis 1968, entwickelte sich dieses Pflänzchen zu einem kraftvollen Gewächs, das nicht nur für die Gleichberechtigung der Afroamerikaner in den Vereinigten Staaten stand, sondern letztlich ein „Welthaus" repräsentieren sollte, in dem alle Menschen wie Geschwister zusammenlebten: *„Alle Menschen sollen von den Übeln des Rassismus, der Armut und des Krieges befreit als Geschwister in einem Welthaus leben."* Dieses Welthaus war zugegebenermaßen eine übergeordnete Vision, die schon fast einer Utopie glich. Dagegen eignete sich Kings Zukunftsbild von der Gleichberechtigung aller Afroamerikaner in den USA als mächtiger Leitstern zur eigenen Ausrichtung und als Zugpferd für alle Betroffenen. Ebenfalls legitimierte diese kraftvolle Vision auch das darauf gerichtete Verhalten bzw. die darauf gerichtete Grundstrategie. Dazu aber später.

Was bedeuten Visionen für die Unternehmenswelt bzw. für Sie als Führungskraft? Bei der Beantwortung dieser Frage möchte ich mich unter anderem auf die Worte eines ebenfalls charismatischen Menschen beziehen, und zwar auf Steve Jobs:

> „If you are working on something exciting that you really care about, you don't have to be pushed. The vision pulls you."
> Steve Jobs, US-amerikanischer Unternehmer, Apple-Gründer (1955–2011)

Frei übersetzt: „Wenn du an etwas Aufregendem arbeitest, das dir wirklich am Herzen liegt, musst du nicht gedrängt werden. Die Vision zieht dich an." Attraktive Visionen wirken anziehend und motivierend. Darüber hinaus geben sie uns und unseren Mitarbeitern gerade in unsicheren Zeiten eine brauchbare Orientierung, können Sinn stiften und haben für alle Beteiligten eine Fokussierungsfunktion. Sie vermögen uns zu bewegen und zu begeistern, auch wenn sie in der Regel nicht auf Anhieb greifbar sind.

Wie wir gesehen haben, lagen der Vision von Martin Luther King vier Faktoren zugrunde, die wie Katalysatoren wirkten und seine Vision umsetzbar machten. Diese vier Faktoren und ihre Funktionsweise sollen im Folgenden näher betrachtet werden.

1. Ziele

Erst Ziele, die wie Meilensteine wirken, bringen uns der Verwirklichung der Vision step by step näher. Welche konkreten Ziele hatte Martin Luther King auf seiner Agenda?

Bevor wir uns diese Ziele anschauen, möchte ich Sie einladen, uns die damalige Realität der farbigen Bevölkerung vor Augen zu halten. Wie fühlt es sich wohl an, wenn wir im Alltag überall um uns herum Schilder mit der Aufschrift „White only" sähen, wenn wir eine Eisdiele nur über einen Seiteneingang betreten, nicht dieselben Schulen, Parks und Geschäfte wie Weiße besuchen dürften, wenn wir separate Toiletten benutzen müssten, im Kino oder in Bussen immer hinten mit den schlechtesten Sitzen vorlieb nehmen müssten oder wenn uns im Speisesaal eines Zuges lediglich ein Platz hinter einem Vorhang zugewiesen würde. Wäre das gerecht? Wäre das menschlich? Würde sich das für uns richtig anfühlen? Mit Sicherheit nicht. Dennoch wurden diese Regeln über viele Jahre von vielen Schwarzen toleriert. Nicht zuletzt auch deswegen, weil sie es nicht anders kannten. Zudem fürchteten sie die Sanktionen eines ungerechten Systems und waren bereits von einem tiefen Gefühl der Minderwertigkeit durchdrungen. Zu realisieren, dass Menschen wegen etwas diskriminiert werden, woran sie keine Schuld tragen oder woran sie nichts ändern können, nämlich ihrer Hautfarbe, war für Martin Luther King schockierend und der „verächtlichste Ausdruck der Unmenschlichkeit des Menschen gegen den Menschen."[29] Die Rassendiskriminierung musste ein Ende haben und so entwickelte und erreichte King gemeinsam mit seinen Anhängern der Bürgerrechtsbewegung über die Jahre viele sichtbare und spürbare Erfolge, die durch entsprechende Gesetze manifestiert wurden und die auch auf eine veränderte innere Haltung bei Menschen beider Couleur zurückzuführen waren. Bereits 1954 hatte die Entscheidung des Obersten Gerichtshofs der USA das Ende der Rassentrennung an den staatlichen Schulen beschlossen und damit einen wichtigen Meilenstein gelegt. Ein Jahr nach Beginn des Busboykotts in Montgomery erklärte abermals der Oberste Gerichtshof, die in dieser Stadt im öffentlichen Verkehrssystem herrschende Rassentrennung für verfassungswidrig – ein weiterer wichtiger Schritt. In Folge und als wichtige Ergebnisse der von King eingeleiteten Bürgerrechtsbewegung gelten das Civil Rights Act (Bürgerrechtsgesetz) von 1964 und das Voting Rights Act (Wahlrechtsgesetz) von 1965. Mit dem ersten Gesetz wurden zum einen diskriminierende Wahltests für Afroamerikaner und zum anderen die Rassentrennung in öffentlichen Einrichtungen für illegal erklärt. Das Wahlrechtsgesetz als „das wichtigste Bürgerrechtsgesetz in der Geschichte der USA"[30] führte dazu, dass nun auch die schwarze Bevölkerung politisch eine Stimme hatte. Damit erhielten alle Bürger der USA das Recht, „unabhängig von ihrer Hautfarbe, Herkunft und ihrem Einkommen, sich an Wahlen zu beteiligen und sich in ein öffentliches Amt wählen zu lassen."[31]

Bezogen auf die veränderte innere Haltung, die hauptsächlich auf bestehende Vorurteile und Irrtümer unter den Weißen und den Schwarzen zurückzuführen war, gelang Martin Luther King ebenfalls ein Durchbruch. Auch wenn sich dieser Prozess als langwieriger und zäher darstellte, führte er dazu, dass das Selbstbewusstsein aufseiten der Afroamerikaner langsam, aber stetig stieg und die unbegründete und absurde Überheblichkeit der weißen Bevölkerung ins Wanken geriet. Dass es auch heute noch Menschen gibt, die den Rassengedanken in sich tragen, wissen Sie und ich leider nur allzu gut. Dennoch glaube ich, dass gerade unter der weißen Bevölkerung der USA ein Umdenken stattgefunden hat. Wäre dies nicht der Fall, wäre Barack Obama, als „Angehöriger einer ethnischen Minderheit"[32], niemals zum Staatsoberhaupt der Vereinigten Staaten von Amerika gewählt worden.

Bevor wir uns mit dem nächsten Merkmal beschäftigen, nämlich mit den Strategien, die Martin Luther King verfolgte, um seine Ziele zu erreichen, lade ich Sie an dieser Stelle ein zunächst über Ihr eigenes Verhältnis zu Zielen in Ihrer Rolle als Führungskraft nachzudenken. Haben Sie Ziele? Und wenn ja, wie kommunizieren Sie diese gegenüber Ihren Mitarbeitern?

S.M.A.R.T.: „Do your best"

Auch auf die Gefahr hin, dass ich Ihnen jetzt nichts Neues erzähle, gehe ich dennoch kurz auf die SMART-Methode ein. Die Methode hat sich immer wieder dafür bewährt, Ziele – ob beruflich oder privat – zu definieren bzw. akkurat zu formulieren. Dass Ziele uns Orientierung geben, uns antreiben, uns helfen können, Prioritäten zu setzen, einen Fokus schaffen sowie uns motivieren können, steht außer Frage. Dass Ziele gerade in der heutigen VUCA-Welt[33], einer Welt, die durch Volatilität (Unbeständigkeit), Unsicherheit, Komplexität und Ambiguität (Mehrdeutigkeit) geprägt ist, umso wichtiger sind, wird man ebenfalls nicht bezweifeln.

Was aber ist nun die SMART-Methode? Das Akronym S.M.A.R.T. entspringt der Zielsetzungstheorie, die von den Arbeitspsychologen Edwin Locke und Gary Latham 1990 entwickelt wurde.[34] Danach sollen smarte Ziele im Gegensatz zu den „Do your best"-Zielen möglichst spezifisch formuliert werden. Typisch für „Do your best"-Ziele ist eine unklare Sprache wie zum Beispiel: „Ich will, dass Sie heute Ihr Bestes geben." Oder: „Sie sollten mit Power an die Sache herangehen." Problematisch an solchen schwammigen Formulierungen ist, dass das Gegenüber daraus nicht schließen kann, was von ihm oder ihr konkret erwartet wird. Eine höhere Wahrscheinlichkeit, dass andere ihr Bestes geben, besteht, wenn wir uns selbst disziplinieren, Ziele präzise und unmissverständlich zu formulieren. Dabei hilft S.M.A.R.T., indem es fünf Kriterien definiert, die eine Zielformulierung enthalten muss:

- **S**pezifisch: Das Ziel sollte möglichst präzise und eindeutig formuliert werden.
- **M**essbar: Das Ziel bzw. ein „Erreichungsgrad"[35] sollte messbar, das heißt überprüfbar sein.
- **A**ktionsorientiert: Das Ziel sollte aktionsorientiert sein. Das heißt, wir sollten es so formulieren, dass wir beschreiben, was wir positiv verändern wollen, und nicht, was wir nicht tun wollen. Auf diese Weise kommen wir leichter ins Handeln.

BEISPIEL:

Nehmen wir an, ich bin ein Mensch, der andere in Meetings häufig unterbricht. Statt mir vorzunehmen, meine Kolleginnen/Kollegen nicht mehr zu unterbrechen, werde ich mir vornehmen, diese ausreden zu lassen und ihnen bis zum Ende aufmerksam zuzuhören.

- **R**ealistisch: Das Ziel sollte erreichbar sein, also keine utopischen oder illusionistischen Zustände beschreiben, sondern einen Zustand, der im Bereich des Möglichen liegt.
- **T**erminierbar: Das Ziel sollte einen End(zeit)punkt haben. Bis wann wollen Sie das jeweilige Ziel erreicht haben?[36]

Ist das Ziel entsprechend formuliert, können wir darüber nachdenken, in welchen Schritten oder mit welchen Aktionen wir das Ziel umsetzen wollen.

Bereits an dieser Stelle ein wichtiger Hinweis: Auch und gerade in der VUCA-Welt, in der wir immer schnellere Veränderungen erleben, sollten wir unser Ziel nie aus den Augen verlieren – egal, wie rau die See ist oder wie häufig der Wind sich auch dreht. Erlauben wir uns deshalb ein hohes Maß an Flexibilität, die dennoch eine konkrete Richtung anstrebt, also eine kurshaltende Flexibilität.

Schauen wir uns nun weiter an, wie Martin Luther King seine Ziele verfolgt hat.

2. Strategie

„Manchmal kommt man im Leben zu einer kostbaren und sinnvollen Überzeugung, dass man bis zum Ende bei ihr bleibt. Ich habe sie in der Idee der Gewaltlosigkeit gefunden."[37] – Diese große und anspruchsvolle Idee, die Martin Luther King hier beschreibt, schlägt sich nieder in seiner Strategie des gewaltlosen Widerstands, die sich als roter Faden durch all seine Worte und Taten sowie durch alle Proteste der Bürgerrechtsbewegung ziehen sollte, zu dessen zentraler Führungsfigur er gehörte. Doch worin liegt der Ursprung seiner Ausrichtung hin zur Gewaltfreiheit und zu der Protestform des zivilen Ungehorsams?

Vorbilder, die Kings Denken und seine Haltung prägten, waren unter anderem der amerikanische Philosoph Henry David Thoreau (1817–1862) sowie der indische Freiheitskämpfer Mahatma Gandhi (1869–1948). Speziell Thoreau gilt noch heute als der Vordenker des „Civil Disobedience" und war auch Gandhis Vorbild. Bei dieser Protestform ging es nach Kings Verständnis darum, vorsätzlich gegen „ungerechte" Gesetze zu verstoßen, um gezielt geltendes Unrecht zu beseitigen, verbunden mit der Bereitschaft, für die Konsequenzen dieser Rechtsverletzung einzustehen. Durch friedliche Aktionen der Normverletzung sollte Druck auf den Staat, auf die Politik und – je nach Zielrichtung – auch auf die Wirtschaft ausgeübt werden, nicht zuletzt aufgrund der medialen Aufmerksamkeit, die solche Interventionen mit sich brachten. Interessant an dieser Form des Protests ist, dass sie auch heute wieder hochaktuell ist. Konkret denke ich dabei an die zahlreichen Blockade-Aktionen gegen den Klimawandel und an die weltweite Fridays-for-Future-Bewegung, deren Teilnehmer und Teilnehmerinnen in der Regel unerlaubt vom Schulunterricht fernbleiben. Aber zurück zu King und den Maßnahmen der sogenannten gewaltfreien „direct actions" der Bürgerrechtsbewegung. Häufig handelte es sich hierbei um Boykotte. Populär wurde als eine der ersten Aktionen die Weigerung der Afroamerikanerin Rosa Parks, nach einem langen Arbeitstag den Platz im Bus für einen Weißen freizumachen. Rosa Parks wurde nach dieser Aktion am 1. Dezember 1955 verhaftet und zu einer Geldstrafe verurteilt. Sie war zwar keine Aktivistin, arbeitete aber bereits vor ihrer Verhaftung unter anderem als Sekretärin bei der Bürgerrechtsorganisation des NAACP (National Association for the Advancement of Colored People – Nationale Organisation für die Förderung von farbigen Menschen). Ihr Ungehorsam war der Beginn eines 381 Tage andauernden und erfolgreichen Bus-Boykotts in Montgomery/Alabama, der damit endete, dass die in dieser Stadt an der Tagesordnung liegende Segregation in Bussen vom Obersten Bundesgericht für verfassungswidrig erklärt wurde – für Martin Luther King und seine Anhänger ein bahnbrechender Erfolg. Sein Bekanntheitsgrad schoss in die Höhe, allerdings auch die Zahl der täglichen Anfeindungen und Drohbriefe, was sich von zunächst noch glimpflich ablaufenden Attentaten auf seine Person bis hin zu einem Bombenanschlag auf sein Wohnhaus im Januar 1957 steigerte. Trotz alledem blieb King seiner Strategie treu und es wurden weitere provokante Aktionen für die Hochburgen der Segregation wie Birmingham und Selma im US-Staat Alabama geplant und umgesetzt. King und seine Organisation mobilisierten beispielsweise 1963 in Birmingham zu sogenannten Sit-ins in Kaufhäusern und Restaurants sowie Read-ins in „weißen Bibliotheken"[38], mit denen schwarze Studenten, Jugendliche und später auch Kinder gezielt gegen „ungerechte Gesetze" verstießen, um anschließend die entsprechenden Prügel- und Gefängnisstrafen vor den Augen der weltweiten Öffentlichkeit zu kassieren. Der Verbreitungsgrad dieser Bilder wurde durch Fernsehübertragungen ins In- und Ausland begünstigt. Das jeweils brutale Vorgehen der Polizei wurde sogar geradezu einkalkuliert und damit Teil von Kings Taktik. Denn je brutaler die Exekutive, wie zum Beispiel Bull Connor (damaliger Polizeichef in Birmingham) oder Jim Clark (damaliger Sheriff in Selma), den Bürgerrechtlern begegnete, desto deutlicher wurde die „moralisch überlegene Position"[39] der Bewegung und umso gnadenloser konnte die *„Fratze des Rassismus demaskiert"*[40] werden. Die Bürgerrechtsbewegung basierend auf der US-amerikanischen Bürgerrechtsorganisation SCLC (Southern Christian Leadership Conference) erreichte unter der Führung von Martin Luther King von 1955 bis zu seiner Ermordung am 4. April 1968 in Memphis/Tennessee viele ihrer Ziele ohne Anwendung von Gewalt. Zur Umsetzung dieser Strategie und dem damit einhergehenden Veränderungsprozess gehörte, dass die Führungsspitze und ihre engsten

Berater immer wieder zur Reflexion erfolgloser Taktiken, zur Fehlersuche, zur Konfliktbereitschaft, ja sogar zur Neuausrichtung bereit waren. Was sie aber immer beibehielten, war die bedingungslose und konsequente Fokussierung auf die Gewaltfreiheit unter Anwendung friedlicher Mittel.

Für unsere Führungsarbeit lassen sich daraus zwei grundlegende strategische Prinzipien ableiten.

Strategie 1: Überzeugt, zielfokussiert und konsequent durch Vorbild führen

Martin Luther King war zu 100 Prozent von seiner Strategie der Gewaltlosigkeit überzeugt. Diese Strategie war für ihn alternativlos. Er folgte damit der Haltung anderer gewaltloser Rebellen, die er einmal als *„Extremisten der Liebe"*[41] (Jesus Christus, Franz von Assisi oder Gandhi) bezeichnet hatte. Er war der festen Überzeugung, dass sich Konflikte nie durch Gewalt lösen lassen, denn Gewalt bedeute immer „das Ende von Verständigung und Dialog".[42] Entsprechend verschrieb er sich der Gewaltlosigkeit mit ganzem Herzen. Wie viele andere afroamerikanische Durchschnittsbürger wanderte er dafür ins Gefängnis, übrigens „an die zwanzig Mal"[43]. Dennoch ließ er sich nicht von seinem Ziel abbringen. Man kann fast sagen, er war die Gewaltlosigkeit in Person und damit das unumstößliche Vorbild für all diejenigen, die ihm und seiner Strategie folgten. Dieser Verantwortung war er sich sehr bewusst. Um nicht, gerade wegen seiner öffentlichen Stellung und täglich steigenden Popularität (am 18. Februar 1957 erschien sein Konterfei auf der Titelseite des *Time Magazine*) abzuheben, halfen ihm ein gesunder Blick auf sich selbst sowie eine demütige Haltung, die nicht zuletzt seinem christlichen Glauben entsprang. So ließ er immer wieder durchklingen, dass seine Popularität auch viel damit zu tun habe, dass er *„zur richtigen Zeit am richtigen Ort gewesen sei und dass er seine Berühmtheit vielen namenlosen Menschen verdanke"*.[44] Martin Luther King hat konsequent und überzeugt vorgelebt, wofür er brannte und was er von anderen erwartete.

Wofür brennen Sie bzw. was erwarten Sie von Ihren Mitarbeitern? Und leben Sie das, was Sie erwarten, auch selbst tagtäglich vor?

Um gleich wieder ein wenig Dampf aus dieser Frage herauszunehmen: Nobody is perfect – niemand von uns ist in allem perfekt. Wichtig ist allerdings, dass wir in dem, was wir tun, glaubhaft sind und auch bei kleinen Inkonsequenzen das Große und Ganze nicht aus den Augen verlieren. Die Maxime „in dir muss brennen, was du in anderen entzünden willst"[45] lässt Leitplanken der eigenen Führung basierend auf Überzeugung, Fokus und Konsequenz entstehen, die aufseiten der Mitarbeitenden zu Vertrauen, Orientierung und Klarheit führen. Darüber hinaus wissen wir, dass sich zwar viele Themen unter dem Einfluss der digitalen Welt und des ständigen Wandels verändern, nicht aber unser beständiger Anspruch, verantwortungsbewusst als Vorbild zu dienen. Das diesem Anspruch zugrunde liegende Denken und Handeln kommt einer ethischen Verantwortung gleich, die im digitalen Zeitalter als wichtiges Korrektiv für Ordnung und Klarheit sorgen kann.

Strategie 2: Fortschritt durch Konfliktbereitschaft

Visionen bedeuten Wandel, bedeuten Veränderung, bedeuten Bedrohung für den Status quo, bedeuten häufig auch Verwirrung, Sorgen, Unsicherheit, Angst, bedeuten Widerstand und lassen als unvermeidbare Nebenwirkung sogenannte Veränderungskonflikte entstehen. Damit nicht zu rechnen, zum Beispiel im Rahmen sogenannter Change-Prozesse, wäre blauäugig und wenig weitsichtig.

Wie hat Martin Luther King hinsichtlich des gesellschaftlichen Wandels hin zu mehr Gleichstellung und der damit einhergehenden Veränderungskonflikte reagiert? King war der Meinung, dass die rassistische Haltung der weißen Bevölkerung bis hin zum Ausbruch von Hass, brutalen Gewalttaten und Tötungen, speziell durch den extremistischen Ku-Klux-Klan, damit zusammenhing, dass sich hellhäutige Menschen per se wertvoller als dunkelhäutige empfanden und damit das Gefühl entwickelten, „einer auserwählten Gemeinschaft anzugehören".[46] Diese Überzeugung, etwas Besonderes und damit überlegen zu sein, das durch eine ungezügelte und krankhafte Form des „Tambourmajor-Instinkts"[47] zum Ausdruck kam, war durch die schwarze Bürgerrechtsbewegung und das Damoklesschwert der Gleichheit in Gefahr, entlarvt und somit vernichtet zu werden. Ebenso wurden den über Jahre etablierten und in den Köpfen der weißen Bevölkerung einzementierten Vorurteilen, die wie „unverrückbare Naturgesetze"[48] wirkten, sowie den darauf aufbauenden Klischees plötzlich die Legitimation entzogen. Nun gab es keine Sündenböcke, keine Menschen zweiter Klasse, kein „Ungeziefer" und keine „seelenlose Arbeitstiere" mehr, die man „bedenkenlos betrügen, verfolgen und töten konnte".[49] Vielmehr sollten die einst so bezeichneten Wesen mit den weißen Übermenschen sogar auf eine Stufe gestellt werden, wodurch alle Unterschiede zu verschwinden drohten. Der damit einhergehende Kontrollverlust erzeugte nach Ansicht von Martin Luther King aufseiten der weißen amerikanischen Bevölkerung Verwirrung, Schockzustände, blanke Angst, Wut und Hass, was sich in entsprechenden Aggressionen entlud. Bei dieser Erklärung half ihm sein Ansatz, sich immer wieder in die Schuhe derjenigen zu stellen, bei denen Betroffenheit erzeugt wird. So schrieb er einst in den „Notizen zu einer Predigt"⁵⁰ sinngemäß: „*Wer sich nicht in andere Menschen hineinversetzen könne, werde diese Menschen niemals verstehen und sie damit auch niemals erreichen.*"

Die Aufforderung zu einem Perspektivwechsel als Schlüssel zu einem besseren Miteinander war stets Kings Maxime. Dennoch bewirken nachvollziehbare Erklärungen, Verständnis für die Gegenseite und geduldiges Abwarten allein noch keine Veränderung. Vielmehr brauchte es zusätzlich die Bereitschaft, die entstehenden Konflikte „als Kriterium der Freiheit"⁵¹ auszuhalten und auszutragen.

An dieser Stelle möchte ich die Brücke zu organisatorischen Veränderungsprozessen (Change-Prozessen) schlagen, bei denen die zu erwartenden Widerstände und Konflikte von Ihnen als Führungskraft bzw. als Changemanager berücksichtigt werden sollten.

Wie stehen Sie eigentlich zu Widerständen, die Ihnen von Ihren Mitarbeitenden entgegengebracht werden? Sehen Sie sie als lästig oder störend an? Oder können Sie ihnen sogar etwas Sinnhaftes oder gar Positives abgewinnen? Könnten Widerstände nicht auch „verschlüsselte"⁵² Botschaften sein, die Ihnen zum Beispiel Aufschluss über die Bedürfnisse, die Ängste oder den Frust Ihrer Mitarbeitenden geben? Letzteres käme übrigens einem Perspektivwechsel gleich. Denn die Auseinandersetzung mit diesen Themen erfordert immer auch, dass auch Sie sich in die Schuhe Ihrer Mitarbeitenden stellen, um die menschlichen Reaktionen auf die bevorstehende Veränderung nachzuvollziehen. Die Gefahren und Risiken solcher Prozesse im Detail zu erfassen, ist nicht Thema dieses Buches und würde den Rahmen sprengen. Allerdings ist es mir wichtig, daran zu erinnern, dass der Faktor Mensch mit seinem Verhalten und seinen Gefühlen immer im Mittelpunkt dieser Prozesse stehen sollte, damit Veränderung auch tatsächlich funktionieren kann. Untermauert wird diese These durch eine Studie, die vom Fraunhofer-Institut für Produktionstechnologie IPT unterstützt wurde. Danach waren 95 Prozent der befragten Unternehmen der Meinung, dass „viele Veränderungsprojekte erfolgreicher wären, wenn Unternehmen neben der inhaltlichen auch die persönliche Ebene professionell begleiten würden."⁵³

3. Inspiration

Wie schafft man es, Tausende von Menschen aller Couleur für eine Sache zu begeistern und diese an einem bestimmten Ort zu einer bestimmten Zeit zu versammeln? Gewiss, Martin Luther Kings Rhetorik war brillant und sein unermüdlicher Einsatz und der seiner Mitstreiter außergewöhnlich und lobenswert. Dennoch, die Themen der Bürgerrechtsbewegung waren nicht nur seine. Auch Malcom X, einer der großen

VISION: MARTIN LUTHER KING

Ikonen der Black-Power-Bewegung und Rivale von King, konnte die Menschen dafür mobilisieren, sich gegen Rassismus aufzulehnen. Doch im Gegensatz zu Martin Luther King und dessen gewaltloser Methode, war Malcom X jedes Mittel Recht, die Rassentrennung abzuschaffen. Außerdem wirkte King durch Inspiration, nicht durch aggressive Parolen und war sich dieser Wirkung durchaus bewusst. Er wirkte wie ein Seelenelixier auf Menschen.

Bereits im alten Rom und in Griechenland galt Inspiration als etwas, was der Seele und damit dem Menschen Gutes tat. Martin Luther King tat also gut und hatte den Status eines moralischen Anführers, der Tausende Menschen durch eine gemeinsame Vision vereinte. King war in der Lage, Menschen zum Handeln zu inspirieren, das heißt, dass er sie weder überredete noch manipulierte oder mit äußeren Anreizen mobilisierte. Zudem hat er von seinen Anhängern nie etwas verlangt, was er nicht selbst vorgelebt hat, oder etwas gesagt, was er selbst nicht tat („Walk the talk"[54]). Auch er landete viele Male im Gefängnis und bekam die Anfeindungen am eigenen Körper zu spüren, ohne auf sie mit Gegengewalt zu antworten. Stattdessen hat er sein Warum, seinen unbeirrbaren Glauben an die Gleichheit aller Menschen *(„Ich glaube ...")* mit seinem stählernen Optimismus kombiniert und in solche Worte gefasst, die in der Lage waren, die Menschen im Herzen zu berühren. Mit diesem kommunizierten und emotionalisierendem Warum konnte er Sinnhaftigkeit und Zugehörigkeit stiften. Die Menschen fühlten sich einem großen Ganzen zugehörig, erkannten einen Sinn in ihren herausfordernden Beiträgen zur Bekämpfung der Rassentrennung hin zur Gleichbehandlung aller Menschen, und wurden auf diese Weise mit Kings Vision vereint. Damit wurde sein Glaube zu ihrem Glauben. Er spornte sie an, die Nation mit in die Veränderung zu führen. Anders lässt es sich kaum erklären, wieso so viele Menschen bereit waren, die Brutalität der Unterdrücker zu ertragen. Dass sie alle in diesem Leid vereint waren und der gleichen Vision, dem Glauben an die Gleichheit aller Menschen, dienten, machte sie stark. Martin Luther Kings Warum wurde letztlich auch zu ihrem Warum: „Wir glauben ...!"[55]

Haben Sie sich auch schon einmal gewünscht, Ihre Mitarbeiter für Ihre Ziele zu begeistern und sie zum zielgerichteten Handeln zu inspirieren? Vielleicht gelingt es Ihnen ja schon, dann gratuliere ich Ihnen zu diesem Ansatz, der zu einem Teil die transformationale Führung beschreibt. Diese zielt nämlich darauf ab, „Werte und Einstellungen von Mitarbeitern zu ‚transformieren' (lateinisch transformare = umformen, umgestalten) und dadurch deren intrinsische Motivation zu steigern."[56]

Falls Sie sich mit dieser Form der Führung etwas näher beschäftigen möchten, lade ich Sie ein, sich beispielhaft einige Fragen zur eigenen Reflexion zu stellen:

REFLEXION

- Kennen Ihre Mitarbeiter die Vision, die Strategien und die Ziele Ihres Unternehmens?
- Glauben Sie, dass Ihre Mitarbeiter einen Sinn sehen in dem, was sie tun und wozu sie es tun?
- Wissen Ihre Mitarbeiter, wie wichtig ihre Beiträge für die Verwirklichung des großen Ganzen sind? Fühlen sie sich als Teil des Ganzen?
- Blicken Sie mit Ihren Mitarbeitern optimistisch in die Zukunft?[57]
- Wirken Sie auf Ihre Mitarbeiter glaubwürdig, weil Sie Ihre unternehmerische Ausrichtung transparent kommunizieren und auch danach handeln („Walk the talk")? Gehen Sie also mit gutem Beispiel voran?

Strategie: Starte mit dem Warum

Sollten Sie wie ich Kinder haben, kennen Sie Warum-Fragen zur Genüge: „Warum regnet es auch an Sonntagen?" Ich drehe nun den Spieß um und frage Sie: Warum lesen Sie gerade dieses Buch? Was war Ihr Beweggrund, es zu kaufen? Warum Change? Warum brauchen wir den Wandel – jetzt?

Philosophisch gesehen ist das Warum ebenfalls die Frage der Fragen. Warum? Weil sie uns Antworten auf das Wozu gibt, also nach dem Sinn und dem Zweck unseres Handelns fragt. Schematisch lässt sich die Frage nach dem Warum im goldenen Kreis („Golden Circle"[58]) darstellen, den ich Ihnen jetzt vorstellen möchte. Der goldene Kreis wurde von dem US-amerikanischen Autor und Unternehmensberater Simon Sinek entwickelt. Er enthält neben der Kernfrage des Warum auch die Fragen nach dem Wie und nach dem Was, die von innen nach außen beantwortet und kommuniziert werden sollten. Warum? Weil die Abfolge Warum – Wie – Was uns zunächst mit unseren eigentlichen Motiven beschäftigen lässt, bevor wir das Wie und das Was beantworten und kommunizieren können.

Aber warum sollen wir zuerst unser Warum vor den zwei anderen Fragen definieren? Weil dieser Weg unsere Werte sichtbar werden lässt und unserer Überzeugungskraft und damit auch unserem persönlichen und/oder beruflichen Erfolg dient. Denn zu erklären, was man macht und wie man es macht, ist häufig austauschbar. Das eigene Motiv dagegen, das persönliche Warum, kann selten kopiert werden. Vielmehr ist es in der Regel untrennbar mit der Person verbunden, emotionalisiert, inspiriert und lässt sich mit anderen teilen. Zudem gilt: Wenn uns das Warum klar ist, ist das Wie in der Regel einfach.

VISION: MARTIN LUTHER KING

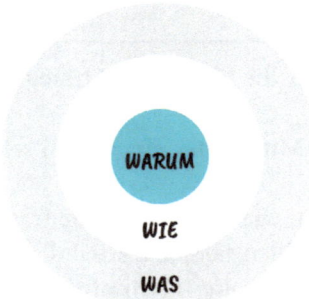

Schauen wir an dieser Stelle noch einmal auf Martin Luther King und analysieren seine Kommunikation mithilfe des goldenen Kreises:

- Kings Warum: Glaube an die Gleichheit der Menschen
- Kings Wie: Gewaltloser Widerstand
- Kings Was: Boykotte, Sit-ins, Märsche, bewusste Regelbrüche

Mit seinem starken, überzeugenden und alles überstrahlenden Warum hat Martin Luther King die Menschen dazu gebracht, ihm zu folgen, weil sie es wollten und nicht, weil er es von ihnen verlangt oder gar erzwungen hat.

Und so schließe ich mich gerne den Worten von Simon Sinek an: „Es gibt Führer und es gibt Menschen, die führen"[59], indem sie andere Menschen inspirieren.

4. Resilienz

Was hat ein Begriff, der der Werkstoffphysik entstammt, mit Martin Luther King zu tun und wie fand er Einzug in die Psychologie? Resilienz (lat. resilire = zurückspringen) lässt sich gut mit einem Schwamm erklären. Stellen Sie sich bitte folgendes Experiment vor oder, besser noch, probieren Sie es selbst aus: [60]

Nehmen Sie einen Schwamm und drücken Sie ihn mit einer Hand so fest wie möglich zusammen. Wenn Sie den maximalen Druck erreicht haben, dürfen Sie Ihre Hand wieder öffnen. Alternativ können Sie den Schwamm auch auf den Boden legen und mit einem Fuß darauf treten. Danach nehmen Sie Ihren Fuß wieder vom Schwamm herunter. Was haben Sie beobachtet? Sie werden vermutlich gesehen haben, dass der Schwamm nach Wegnahme des Drucks nach und nach wieder in seine Ausgangsform zurückgekehrt ist. Dieses Phänomen bzw. diese Eigenschaft hat die Psychologie auch bei Menschen entdeckt, die aufgrund ihrer mentalen Widerstandskraft in der Lage sind, „in Drucksituationen, nach Rückschlägen und in Situationen der Ungewissheit schnell wieder aufzustehen, fokussiert zu bleiben, optimistisch zu sein und eine Sinnhaftigkeit auch in äußerst schwierigen Situationen zu finden".[61]

Diese Fähigkeit bedeutet nicht, dass resiliente Menschen gefühllos sind. Ganz im Gegenteil: Menschen, die einen hohen Resilienz-Quotienten aufweisen (der sich mittels eines sehr empfehlenswerten RFI®-Tests[62] feststellen lässt), können Gefühle besonders gut empfinden und diese auch zulassen. Resilienz besteht nach den US-amerikanischen Forschern Dr. Karen Reivich und Dr. Andrew Shatté aus sieben Faktoren.[63] Diese sieben Säulen der Resilienz sind:

1. Emotionssteuerung
2. Impulskontrolle
3. Kausalanalyse
4. Empathie
5. Realistischer Optimismus
6. Zielorientierung
7. Selbstwirksamkeitsüberzeugung

All diese Faktoren sind nicht statisch, sondern Menschen können sie weiterentwickeln und damit ihre Resilienzfähigkeit verbessern.

Nun zu Martin Luther King. Er verfügte über eine ausgeprägte Resilienzfähigkeit und war beispielsweise in der Lage, seine **Emotionen zu steuern** bzw. negativ empfundene Emotionen in positive umzuwandeln. Dies wurde immer dann besonders deutlich, wenn er selbst Opfer des Rassenhasses wurde. So zum Beispiel, als er bei einem Demonstrationszug durch den Gage Park/Chicago von einem Stein getroffen wurde und verletzt zu Boden sank. Statt sich nun zu Ärger oder Zorn hinreißen zu lassen, wollte er mit dem jungen Mann sprechen, der den Stein geworfen hatte. Seine Nachsicht und auch das Mitleid, das er für den Mann empfand, ließen ihn ruhig bleiben. Für King war dieser Mann Opfer seines sozialen Umfelds geworden, das ihm von klein auf an eingeredet hatte, dass er „als Weißer anderen ‚Rassen' überlegen sei".[64] Auch in anderen Situationen, die King während seiner Studentenzeit erlebt hatte, half ihm seine Fähigkeit, seine Emotionen zu steuern. Zum Beispiel, als ein weißer Kommilitone einmal in sein Zimmer stürmte und ihn mit einer Pistole im Anschlag bedrohte, weil er glaubte, dass King sein Zimmer verwüstet hätte. Im Nachhinein stellte sich heraus, dass es sich lediglich um einen Streich unter Studenten gehandelt hatte, an dem King nicht beteiligt war. Auch hier half ihm seine Sichtweise (Thinking Style)[65], seinen vermutlich aufkeimenden Ärger oder seine Wut zu kontrollieren. Denn für ihn war auch sein Mitstudent ein Opfer der Vorurteile, die die Seelen der Weißen vergifteten.

Wie sieht es mit dem Resilienzfaktor **Impulskontrolle** aus, also mit der Fähigkeit, seine ersten Impulse speziell „in Drucksituationen" effektiv zu steuern?[66] Entscheidend für eine gute Impulskontrolle ist eine weitere Fähigkeit: Disziplin. Je disziplinierter wir uns verhalten, desto leichter gelingt es uns, den Impulsen, denen wir tagtäglich ausgesetzt sind, nicht nachzugehen. Durch welche Impulse lassen Sie sich leicht von dem, was Sie gerade tun, ablenken? Ist es vielleicht das Handy, das in Sicht- und Greifweite auf Ihrem Schreibtisch liegt? Oder kennen Sie die beiden Wörter „mal eben"? Mal eben eine Mail schreiben, mal eben eine SMS lesen, mal eben den WhatsApp-Chat checken, mal eben eine Bestellung bei einem Online-Versandhandel aufgeben … In der heutigen Zeit ist es so leicht, sich abzulenken und gleichzeitig so schwer, konzentriert und fokussiert bei der Sache zu bleiben, um Dinge ohne Unterbrechung zu Ende zu bringen. Die Folge unserer fehlenden Impulskontrolle in solchen Momenten sind häufig Unzufriedenheit oder gar Erschöpfung.

Gewiss war King dieser Art der digitalen Ablenkung noch nicht ausgesetzt. Seine Herausforderer waren vielmehr die täglichen hasserfüllten anonymen Anrufer, die ihn und seine Familie beleidigten, schikanierten und diffamierten, oder die an ihn adressierten Morddrohungen, die auf das Konto des Ku-Klux-Klans gingen. Trotz dieses enormen Drucks, der auf ihm lastete, war er diszipliniert genug, um sich weiter auf seine Arbeit als Pastor und Anführer der Bürgerrechtsbewegung zu konzentrieren.

Die dritte Säule der Resilienz ist die Fähigkeit zur **Kausalanalyse**. Dabei geht es darum, dem Warum einer Situation oder Tat auf die Spur zu kommen. Typisch für Menschen, bei denen diese Fähigkeit sehr ausgeprägt ist, ist, dass sie sich beispielsweise Zeit nehmen, um die „Gründe für ihre Erfolge oder Misserfolge gründlich zu analysieren".[67] Auch diese Eigenschaft lässt sich anhand Martin Luther King gut verdeutlichen. Sie zeigt sich beispielsweise darin, dass King die Gründe für das Scheitern der von ihm angeführten Demonstration in Albany/Georgia im Dezember 1961 sehr gut darlegen konnte. In dieser Stadt wurde seine Strategie der Gewaltlosigkeit vom cleveren Polizeichef Laurie Pritchett durchschaut. Statt wie üblich mit Gewalt auf die Gewaltlosigkeit der Demonstranten zu reagieren, begegnete Pritchett den Demonstranten sehr freundlich. Als diese dann seiner Aufforderung, die nicht genehmigte Demonstration aufzulösen, nicht nachkamen, ließ er alle Demonstranten – so auch King – „ruhig und geordnet"[68] in die Gefängnisse außerhalb der Stadt abtransportieren. Damit hatte King nicht gerechnet. Nach Analyse dieses starken Gegners verlegte er seine Demonstrationen in andere Städte.

Kommen wir zur vierten Resilienz-Säule, der **Empathie**. Empathie beschreibt die Fähigkeit eines Menschen, sich in die Gefühlswelt und Gedanken eines anderen hineinzuversetzen. Darin war Martin Luther King ein Meister, denn Empathie war für ihn der Schlüssel für ein besseres Verständnis der Gegenseite und damit auch für ein besseres Miteinander. King setzte also gleichzeitig auf „Empathie und auf Konfrontation – um zu versöhnen und zu befreien".[69]

Die fünfte Säule der Resilienz ist der **realistische Optimismus**. Optimismus ist bei hochresilienten Menschen der feste Glaube bzw. die Haltung, dass sich Dinge zum Positiven wenden.[70] Dabei erkennt der realistische Optimist die Fakten, die Umstände und die Realität absolut an, wodurch seiner Zuversicht eine solide Bodenhaftung innewohnt. Auch wenn Kings Blick auf die grausame Realität ihn manchmal Kraft kostete, blieb er dennoch seinem Glauben an die Gleichheit und Gleichberechtigung bis zur letzten Minute treu.

Ganz besonders ausgeprägt ist bei Martin Luther King die sechste Säule, nämlich die **Zielorientierung**. Er setzte sich klare Ziele, die er mit viel Disziplin verfolgte. Dabei ließ er sich nicht von Rückschlägen entmutigen oder durch andersartige Meinungen von seinen Zielen abbringen. Das Einzige, was zählte, war sein unerschütterlicher Glaube an seine Mission.

Die letzte Säule der Resilienz beschreibt die **Selbstwirksamkeitsüberzeugung**. Sie basiert auf der Haltung „Ich bin nicht Opfer, sondern Schöpfer meiner Welt."[71] oder etwas poetischer formuliert: „Ich bin der Herr meines Schicksals, ich bin der Kapitän meiner Seele".[72] Menschen mit dieser Haltung sehen ihr Schicksal niemals als unabänderlich an. Vielmehr sind sie davon überzeugt, auch neue Situationen, schwierige Lebensaufgaben oder unvorhersehbare Herausforderungen aus eigener Kraft zu bewältigen. Dadurch bleiben sie in Krisen, ob beruflich oder privat, gelassen und Herr ihrer Emotionen.

Dieser Resilienzfaktor ist ohne Frage auch bei Martin Luther King erkennbar. Hätte King nicht über eine hohe Selbstwirksamkeitsüberzeugung verfügt, wäre er nicht mutig und in dem Bewusstsein, etwas verändern zu können, in den Kampf für Gerechtigkeit und Gleichberechtigung gezogen, hätte er sich nicht immer wieder trotz der Anfeindungen und Rückschläge auf sein Ziel ausgerichtet und hätte nicht Tausende von Menschen für seine Visionen vereinen können. Für King gab es keine Auswegslosigkeit, sondern immer einen Plan B, kein Zurück, nur ein Vorwärts: *„If you can't fly, then run, if you can't run, then walk, if you can't walk, then crawl, but whatever you do, you have to keep moving forward."* [73]

Extrameile für Ihr Charisma: Die 5 Needs®

Die 5 Needs®[74] entsprechen den fünf psychologischen Grundbedürfnissen der Menschen. Sie gelten als kulturübergreifend und haben einen zentralen Einfluss auf die menschliche Zufriedenheit und damit auch auf das Wohlbefinden eines jeden Einzelnen. Der Psychologe Dr. Denis Mourlane, ein führender Experte für Resilienz, bringt sie in seinem sehr lesenswerten Buch *Resilienz – Die unentdeckte Fähigkeit der wirklich Erfolgreichen* wie folgt auf den Punkt:

1. Das Bedürfnis nach Lustgewinn und Unlustvermeidung
2. Das Bindungsbedürfnis
3. Das Bedürfnis nach Selbstwerterhöhung und Selbstwertschutz
4. Das Bedürfnis nach Orientierung und Kontrolle
5. Das Bedürfnis nach Kohärenz (Metabedürfnis)

Diese fünf Grundbedürfnisse haben einen entscheidenden Einfluss auf unser Charisma. Denn wenn diese psychologischen Grundbedürfnisse unsere Zufriedenheit und unser Wohlbefinden beeinflussen, dann beeinflussen sie auch mittelbar unsere Ausstrahlung, das heißt unser Charisma. Oder haben Sie schon einmal erlebt, dass ein unzufriedener Mensch oder jemand, der sich in seiner Haut unwohl fühlt, charismatisch auf andere wirkt? Lassen Sie uns kurz die 5 Needs® genauer betrachten.

1. Das **Bedürfnis nach Lustgewinn und Unlustvermeidung** befriedigen wir dann, wenn wir uns mit den Dingen beschäftigen, die uns Freude bereiten, weil sie unseren Stärken entsprechen, oder wenn wir uns sinnvolle Herausforderungen suchen. Dies kann so weit führen, dass wir in einen Zustand geraten, den Mihaly Csikszentmihaly[75] als Flow bezeichnet: dem Einswerden mit dem, was wir gerade tun. Vermutlich wissen Sie aus eigener Erfahrung, wie gut sich dieser Zustand anfühlt.
2. Das **Bindungsbedürfnis** entspringt der Tatsache, dass wir soziale Wesen sind – auch wenn wir uns manchmal nicht so verhalten. Entsprechend benötigen wir gute und echte Bindungen zu anderen Menschen, sei es zu unseren Eltern, unserem Partner, unseren Freunden usw. Aus diesen Beziehungen schöpfen wir Kraft und Sicherheit. [76]
3. Ausgangspunkt für das **Bedürfnis nach Selbstwerterhöhung und Selbstwertschutz** ist zunächst der eigene Selbstwert, den wir uns als Person „nach bestimmten Regeln oder willkürlich"[77] beimessen. Entsprechend kann dieser Selbstwert von Mensch zu Mensch auch völlig unterschiedlich ausfallen, je nachdem, was wir von uns selbst halten. Was uns Menschen aber im Hinblick auf den Selbstwert vereint, ist der Wunsch, „etwas Besonderes zu sein", das heißt unseren Selbstwert etwa durch berufliche Erfolge zu erhöhen oder durch spezielle Strategien, wie den „Vergleich nach unten"[78] (es gibt Kollegen, die noch schlechtere Leistungen als ich erbringen), zu schützen.

4. Das vierte Need® beschreibt das **Grundbedürfnis nach Kontrolle und Orientierung**. Vielleicht haben Sie selbst schon einmal eine Situation des Kontrollverlusts oder der Orientierungslosigkeit erlebt. Klassische Fälle, in denen Menschen solche Gefühle beschreiben, sind zum Beispiel eine unerwartete Kündigung, das Verlassenwerden durch die Partnerin oder den Partner oder der Tod eines geliebten Menschen.
5. Das fünfte Grundbedürfnis beschreibt den **Wunsch nach Stimmigkeit**, zum Beispiel zwischen dem, was gesagt, und dem, was getan wird („Walk the talk").

Auch und gerade für die Führungsarbeit sind die 5 Needs® ein hilfreiches Konstrukt. Als Führungskraft sollten wir diese fünf Grundbedürfnisse sowohl bei uns selbst als auch bei unseren Mitarbeitern beherzigen. So könnten Sie zum Beispiel darauf achten, Mitarbeiter entsprechend ihrer Fähigkeiten und Stärken einzusetzen oder ihnen sinnvolle und machbare Herausforderungen zu übertragen (Lustgewinn/Unlustvermeidung), einen freundlichen, verbindlichen und respektvollen Umgang zu ihnen pflegen (Bindungsbedürfnis), ihnen Wertschätzung und aufrichtiges Lob entgegenbringen (Selbstwerterhöhung), Ihre Ziele und Werte transparent und nachvollziehbar zu kommunizieren (Orientierung und Kontrolle) und sich stimmig und glaubhaft verhalten, indem Sie beispielsweise respektvolles Verhalten nicht nur von Ihren Mitarbeitern verlangen, sondern es auch selbst vorleben (Kohärenz).

CHARISMA-FAKTOR 3: BEZIEHUNGSINTELLIGENZ

WILLY BRANDT

„Der Frieden ist nicht alles, aber ohne Frieden ist alles nichts."
Willy Brandt (1913–1992)

© Bundesarchiv, B 145 Bild-F057884-0009 / Engelbert Reineke / CC-BY-SA 3.0
https://commons.wikimedia.org/wiki/File:Bundesarchiv_B_145_Bild-F057884-0009,_Willy_Brandt.jpg

Der Plenarsaal des Deutschen Bundestags in Bonn ist am 28. Oktober 1969, einem Dienstagmorgen um 10 Uhr prall gefüllt (allerdings weniger bunt als heutige Plenarsitzungen, denn die damalige Parteienlandschaft bestand lediglich aus Union, SPD und FDP). Auf Punkt 2 der Tagesordnung steht die erste Regierungserklärung des neuen Bundeskanzlers – des ersten sozialdemokratischen Bundeskanzlers in der Geschichte der Bundesrepublik Deutschland. Seine Worte versprühen Aufbruchstimmung, wirken auf CDU/CSU provozierend, zeigen aber zugleich einen unbändigen und kompromisslosen Willen zum Neubeginn. Hoffnungssätze wie „Wir wollen mehr Demokratie wagen" und „Wir wollen ein Volk der guten Nachbarn sein und werden – im Inneren und nach außen"[79] standen sinnbildlich für den neuen Geist der Politik, den der neue Bundeskanzler versprühte und der jegliche Art von Beziehung einfärben sollte. Er fordert die deutsche Bevölkerung zu mehr Mitbestimmung und mehr Mitverantwortung auf, indem er klar und unmissverständlich formuliert: „Wir haben so wenig Bedarf an blinder Zustimmung, wie unser Volk Bedarf hat an gespreizter Würde und hoheitsvoller Distanz. Wir suchen keine Bewunderer; wir brauchen Menschen, die kritisch mitdenken, mitentscheiden und mitverantworten. Das Selbstbewusstsein dieser Regierung wird sich als Toleranz zu erkennen geben. Sie wird daher auch jene Solidarität zu schätzen wissen, die sich in Kritik äußert. Wir sind keine Erwählten; wir sind Gewählte. Deshalb suchen wir das Gespräch mit allen, die sich um diese Demokratie mühen."[80]

Deutschlandpolitisch brachte er in seiner Rede zum Ausdruck, dass es ihm darum gehen, „von einem Nebeneinander zu einem Miteinander zu kommen, um ein weiteres Auseinanderleben der deutschen Nation"[81] zu verhindern. Bezogen auf die Ostpolitik sprach er davon, eine Verständigung zwischen Ost und West zu erreichen. All dies trug zu einem historischen Moment bei, der – wie wir heute wissen – nicht nur eine „neue Ära für die Bundesrepublik"[82], sondern am Ende auch für ganz Deutschland bedeutete.

Bei diesem ersten sozialdemokratischen Bundeskanzler handelte es sich um Willy Brandt, alias Herbert Ernst Karl Frahm, der am 18. Dezember 1913 in Lübeck als uneheliches Arbeiterkind geboren wurde und die Zeit von 1933 bis 1945 unter seinem selbstgewählten Decknamen Willy Brandt im skandinavischen Exil verbrachte, was ihm von seinen Gegnern mitunter boshaft als Vaterlandsverrat angekreidet wurde. Brandt war in den Jahren 1957 bis 1966 Regierender Bürgermeister von Berlin und errang speziell in der Zeit der Spaltung Berlins ab 1961 auch internationales Ansehen. Von 1966 bis zum Wahljahr 1969 war er als Bundesaußenminister und Vizekanzler der Bundesrepublik Deutschland in der Großen Koalition von CDU/CSU und SPD in Bonn tätig. Ein Freiheitskämpfer, ein Friedenskanzler, ein „Kanzler der Versöhnungspolitik"[83], ein Brückenbauer, ein Hoffnungsträger, ein „Menschenfischer"[84], ein Friedensnobelpreisträger – jemand, der versucht hat, vieles anders zu machen als seine drei christdemokratischen Vorgänger Konrad Adenauer, Ludwig Erhard und Kurt Georg Kiesinger. Im Gegensatz zu der engen und starren Adenauer-Zeit, die Brandt auch gerne als Verkrampfung bezeichnete, brachte er durch sein antiautoritäres Auftreten, seine Bürgernähe, seine Liberalität und durch seine Toleranz Leichtigkeit in die Politik, die durch den späteren Wahlslogan „Willy wählen" im Jahre 1972 widergespiegelt wurde. Sein Politikstil war stets auf „Ausgleich und Kompromiss"[85] ausgelegt, und es war ihm wichtig, durch Überzeugung zu führen. Was ihn als Menschen, der „die Bundesrepublik ein zweites Mal gründete"[86], ganz besonders auszeichnete, war seine Beziehungsintelligenz[87], also sein Talent, sein Gespür und seine Brillanz im Umgang mit Menschen und mit emotionalen Situationen.

Was genau hat Brandts Beziehungsintelligenz ausgemacht? Wie und wodurch erreicht man diesen brillanten Umgang mit Menschen? Bei Willy Brandt lassen sich vier Untermerkmale identifizieren, die seine Beziehungsintelligenz und damit den dritten Charisma-Faktor definieren:

1. Er verfügte über einen hohen Grad an Empathie.
2. Er war in der Lage, weise zu kommunizieren.
3. Er konnte mit einer Vielzahl von unterschiedlichen Menschen in Resonanz gehen.
4. Er zeichnete sich durch Menschenfreundlichkeit aus.

So ging es Willy Brandt bereits in seiner Zeit als Regierender Bürgermeister und später als Außenminister der Großen Koalition unter Kiesinger darum, „den Frieden zu sichern und Mauern zu überwinden".[88] Um einen Atomkrieg zu verhindern, sprach er sich schon ab Mitte der 1950er-Jahre in Berlin für eine Entspannung und eine „friedliche Koexistenz" zwischen Ost und West aus. Besonders nach dem Mauerbau 1961 befürwortete er eine Politik der kleinen Schritte, die das Leben der Menschen im geteilten Deutschland erleichtern sollten.[89] Als Bundeskanzler schlug er zusammen mit seiner sozialliberalen Regierung im Rahmen der sogenannten Neuen Ostpolitik einen Kurs ein, der die Beziehungen der Bundesrepublik Deutschland zu den Ostblockstaaten und auch das Verhältnis zur DDR tatsächlich entspannte. Gemeinsam mit dem Vizekanzler und Außenminister Walter Scheel (FDP) setzte er auf die erfolgreiche Strategie „Wandel durch Annäherung". Und so kam es, dass Willy

Brandt bereits 1970 als erster bundesdeutscher Regierungschef zu Annäherungsgesprächen in die DDR reiste und mit viel Gespür für die politische Lage den Dialog suchte. Einen weiteren Meilenstein erreichte Willy Brandt durch die ebenfalls vorsichtige und überlegte Annäherung an den Kreml, die zum Abschluss des Moskauer Vertrags vom 12. August 1970 führte. Damit war der Weg für weitere Ostverträge frei. So kam es am 7. Dezember 1970 zu einem weiteren historischen Ereignis, nämlich dem Abschluss des deutsch-polnischen Grenzvertrags in Warschau, der „eine Brücke zwischen den beiden Völkern schlagen" und mit dem „die Versöhnung ihren Anfang nehmen"[90] sollte. Das Bild des vor dem Mahnmal des Ghetto-Aufstands von 1943 niederknienden Bundeskanzlers ging um die Welt. Für die herbeigeführte Aussöhnung zwischen Ost und West wurde Willy Brandt 1971 mit dem Friedensnobelpreis ausgezeichnet. Auch international brachte ihm seine Entspannungspolitik „eine hohe Reputation ein"[91]. So wählte ihn das *Time Magazin* bereits im Jahr 1970 zum „Man of the Year".

Wie steht es um Ihre eigene Beziehungsintelligenz als Führungskraft?

Vermutlich kennen Sie das Sprichwort: Kleine Geschenke erhalten die Freundschaft. Gleiches gilt für Beziehungen generell. Wobei Geschenke nicht unbedingt materielle Dinge sein müssen, sondern intelligent eingesetzte Beziehungskatalysatoren sein können, die für die Empfänger, also Ihre Mitarbeiter, wie Geschenke wirken. Hierzu gehören beispielsweise:

- echtes Interesse und echte Wertschätzung
- aufrichtige Anerkennung
- ehrliches Lob
- aufmerksames, achtsames und verständnisvolles Zuhören
- Lächeln
- aufrichtig Danke sagen

Wenn Sie der Meinung sind, dass Ihnen zum Schenken die Zeit fehlt und Ihnen Sachorientierung wichtiger erscheint, sollten Sie spätestens jetzt aufhorchen. Denn immerhin führen Sie Menschen und die haben menschliche Bedürfnisse nach Lob, Anerkennung und Wertschätzung. Sie führen Menschen, die neben ihrer Fachkompetenz auch über eigene Interessen, Werte, Erwartungen, eigene Ideen, Bedürfnisse und vor allem Gefühle verfügen. Als solche wollen sie gerade in der heutigen Zeit wahrgenommen, gesehen und behandelt werden. Insbesondere in Unternehmen der New Work, mit flacheren Hierarchien und starker Projektorientierung ist es gewünscht, sich locker, offen und respektvoll auf Augenhöhe zu begegnen.[92] Also ist das Ganze keine Einbahnstraße. Denn auch die Führungskraft tut bei aller Professionalität gut daran, in passenden Momenten Emotionen zu zeigen oder mal hier und da „aus dem Nähkästchen" zu plaudern. Auch nimmt die Professionalität einer Führungskraft keinen Schaden, wenn ihr ab und zu mal ein Lächeln über die Lippen huscht.

Generell aber ist die Frage nach dem Grad der eigenen Beziehungsintelligenz gleichzeitig eine Frage nach der eigenen Haltung, die mit den Worten des Philosophen Ralph Waldo Emerson so aussehen könnte:

> „Ich gehe diesen Weg nur ein einziges Mal; alles Gute und Freundliche, das ich irgendeinem Menschen erweisen oder bezeigen kann, lasst mich sogleich tun. Lasst es mich nicht hinausschieben und nicht vernachlässigen, denn ich werde diesen Weg kein zweites Mal gehen."
> Ralph Waldo Emerson, US-amerikanischer Philosoph (1803–1882)

Kommen wir nun zu den vier starken Aspekten, die speziell Willy Brandts Beziehungsintelligenz ausgemacht und sein Charisma zum Klingen gebracht haben.

1. Empathie

Da steht er nun, unser Willy, 500 Kilogramm schwer, 3,40 Meter hoch und in Bronze gegossen. Die Ohren extra groß, als Zeichen seiner Präsenz, wenn er in den aufmerksamen Kontakt zu seinem Gesprächspartner ging. Auf sein Gegenüber konzentriert und gleichzeitig „immer auch nach innen horchend", so beschreibt es Rainer Fetting, der Schöpfer und Bildhauer der überdimensionalen Willy Brandt-Statue, die im Atrium des Willy-Brandt-Hauses in Berlin zu sehen ist. „Deshalb habe ich beispielsweise die Ohren sehr betont, um diese Aufmerksamkeit Brandts zu unterstreichen, seine Fähigkeit, zuhören zu können, nach innen und nach außen …"[93]

Diese Fähigkeit wird noch dadurch ergänzt, dass er in der Lage war, Dinge mit hoher Konzentration zu betrachten: „Die Leichtigkeit, sich zu vertiefen, unbehelligt von allem Drumherum, ist eines seiner großen Talente."[94]

Aufmerksames und wertfreies Zuhören sowie die Fokussierung auf das Hier und Jetzt sind Grundvoraussetzungen dafür, dass Empathie im Kontakt zu anderen Menschen entstehen kann. So, als müssten wir unseren Verstand erst leeren, um Zugriff auf die Gefühle, die Gedanken, die Motive und die Bedürfnisse unseres Gegenübers zu erhalten. Wenn wir dies erkennen, versetzen wir uns in die Lage, den anderen besser zu verstehen. Im Grunde ist das nichts anderes, als wenn wir uns in die Schuhe des anderen stellen und uns die Sache aus seiner Perspektive heraus ansehen. In der Regel ist dieser Perspektivwechsel sehr erhellend und heilend.

Häufig wird uns erst im Nachhinein bewusst, woran wir nicht gedacht haben, wenn wir zum Beispiel von unserem Mitarbeiter verlangt haben, Dinge endlich alleine zu entscheiden, wozu er sich jedoch gar nicht befähigt fühlt. Oder wir einer Mitarbeiterin noch einen zusätzlichen Aufgabenkreis übertragen, ohne zu erahnen, dass ihr die Tätigkeit partout nicht liegt. Oder wenn wir einem Mitarbeiter eine Beförderung in Aussicht stellen, ohne in Erwägung zu ziehen, dass er viel lieber mehr Zeit mit seiner Familie verbringen will. Kurz: Wenn uns die Situationen unserer Mitarbeiter gar nicht in den Kopf kommen, weil wir nur von uns selbst ausgehen.

Genauso wenig können wir wahrnehmen, was in einem anderen Menschen vorgeht, wenn wir als Führungskraft sogenannte anti-empathische Glaubenssätze[95] mit uns herumtragen, zum Beispiel: Empathie zu zeigen bedeutet, Schwäche zu zeigen. Oder: Verständnis zu haben bedeutet, Einverständnis zu signalisieren. Auch sogenannte Empathie-Unterdrücker wie Stress, Hektik oder negative Emotionen wie Zorn oder Wut verhindern Empathie.

Spannend ist ebenfalls der Zusammenhang zwischen Empathieverlust und dem uns häufig durch unsere Leistungsgesellschaft aufoktroyierten Zwang zur Selbstoptimierung. Dadurch, dass wir uns immer um uns selbst drehen, verlieren wir den Blick auf unsere Mitmenschen, so dass unsere Fähigkeit zur Empathie nachlässt. Ganz anders Willy Brandt, dem sein ehemaliger Mitarbeiter Albrecht Müller bescheinigt: „Brandts Vertragspolitik bestand aus einer Mischung von Festigkeit und der Bereitschaft, sich in die Lage des Gegners und kommenden Partners hineinzudenken und so Vertrauen zu gewinnen."[96]

Neben dieser kognitiven Empathie zeichnete sich Brandt durch eine andere Seite der Empathie aus, die zum Beispiel 1972 auf dem Dortmunder Parteitag der SPD deutlich wurde, nämlich emotionale Empathie, die dem Mitgefühl gleichkommt. Diese unterscheidet sich von der kognitiven Empathie dadurch, dass die Gefühle des jeweils anderen mitempfunden werden. Man nennt dies auch „compassion", was so viel wie Barmherzigkeit, Mitleid und Mitgefühl bedeutet. „Willy Brandt machte Mitgefühl zur politischen Botschaft."[97] Denn „er traute ihnen mehr zu. Menschen sind nicht nur Egoisten; sie sind offen für Solidarität – mitfühlend, mitdenkend und mitleidend".[98] Deshalb hat er auf diesem Parteitag „um Mitgefühl für andere geworben".[99]

Im Führungsalltag sollte Mitgefühl dosiert eingesetzt werden. Das heißt, wohl dosiert eingesetztes Mitgefühl kann zwar Türen zu Mitarbeitern öffnen. Andererseits kann zu viel Mitgefühl auch dazu führen, dass die Führungskraft vielleicht unangenehme Dinge erst gar nicht anspricht, Konflikten lieber aus dem Weg geht oder der Sachbezug sowie die Sachziele zu sehr in den Hintergrund rücken.

Insoweit sollten wir uns „ein Stück weit von unserem Mitgefühl distanzieren"[100], um unsere Handlungsfähigkeit nicht zu verlieren.

Extrameile: Durch achtsames und aktives Zuhören der Empathie auf die Sprünge helfen

„Gott gab uns zwei Ohren, aber nur einen Mund."
Benjamin Disraeli, britischer konservativer Staatsmann und Schriftsteller
(1804–1881)

Hatten Sie heute schon Gelegenheit, Ihrem Partner, Ihrem Kind, Ihren Mitarbeitern oder irgendeinem anderen Mitmenschen achtsam zuzuhören? Wenn nicht heute, dann vielleicht doch gestern oder letzte Woche? Mein persönlicher Eindruck ist, dass unsere Fähigkeit zuzuhören etwas aus der Mode gekommen ist, zumindest unter den permanenten Ablenkungen des digitalen Lebens zu kurz kommt oder unter der Schnelllebigkeit dieser Welt leidet, die uns häufig unter enormen Zeitdruck setzt. Insoweit ist es auf dem ersten Blick durchaus nachvollziehbar, dass uns die Ruhe und die Bereitschaft zum Zuhören fehlen. Wie lässt sich dieser Umstand ändern? Wo liegen die Stellschrauben, um Zuhören wieder etwas mehr in den Fokus zu rücken? Wie funktioniert achtsames und aktives Zuhören und warum stellt es eine Schlüsselkompetenz für Führungskräfte dar?

Letztere Frage beantwortet sich unter anderem durch den positiven Nebeneffekt, der aufseiten Ihrer Mitarbeiterschaft entsteht. Denn immer, wenn Sie sich Zeit zum achtsamen Zuhören nehmen, wird Ihr Verhalten von der anderen Seite als wertschätzend empfunden. Darüber hinaus entsteht ein weiterer spannender Effekt, den Sie vielleicht schon selbst oder bei Ihren Mitarbeitern erlebt haben. Menschen, denen die Gelegenheit gegeben wird, in einer ihnen zugewandten Atmosphäre über ihre Probleme, zum Beispiel im Team, mit Kunden oder mit anderen Kollegen, zu sprechen, finden dadurch häufig eigene Lösungen – und dies „nur", weil Sie als Führungskraft zugewandt zugehört haben. Insofern ist aufmerksames Zuhören eine gut investierte Zeit, finden Sie nicht auch?

Was brauchen Sie nun als Führungskraft, um achtsam zuhören zu können? Zunächst sollten Sie darauf achten, vor allem wertfrei zuzuhören und nicht Ihrem inneren Kommentator das Feld zu überlassen. Kommen Sie auch bitte nicht Ihrem ersten Impuls nach, eigene Tipps oder Ratschläge zu erteilen. Ich weiß, wie schwierig das gerade in der Rolle als Führungskraft ist, schließlich wurden Sie gerade wegen Ihrer exzellenten Fähigkeit, kreative Lösungen zu finden, eingestellt. Dennoch: Hören Sie „einfach" nur zu. Wenn Sie sich gar nicht bremsen können, können Sie in den Modus des aktiven Zuhörers gehen und beispielsweise Sachinhalte zusammenfassen und gezielt nachfragen. Wenn es Ihnen liegt, können Sie gerne Ihre Gefühlseindrücke verbalisieren: „Ich merke: Da könnten Sie jetzt in die Luft gehen."

Vorbildlich wäre es, wenn Sie Ihr achtsames Zuhören mit kongruenter Körpersprache unterstreichen. Hierfür halten Sie nach Möglichkeit den Blickkontakt und nehmen eine zugewandte Körperhaltung ein. Wenn es zu Ihnen passt, können Sie auch hin und wieder zustimmende Laute wie „Mhm" und „Aha", die ich gerne als soziales Grunzen bezeichne, von sich geben.

Und zum Schluss brauchen Sie nur noch eine übergeordnete Eigenschaft, die Willy Brandt auch in seiner Regierungserklärung konstatierte, nämlich Geduld: *„Solche demokratische Ordnung braucht außerordentliche Geduld im Zuhören und außerordentliche Anstrengung, sich gegenseitig zu verstehen."*[101]

2. Weise Kommunikation

Damit hatte wirklich niemand gerechnet. Die Welt nicht, die Gastgeber nicht, die deutsche Delegation nicht, auch Willy Brandt selbst nicht, als er gemeinsam mit Walter Scheel und Egon Bahr am 6. Dezember 1970 nach Polen reiste, um seine Unterschrift unter einen wichtigen Ostvertrag zu setzen. Brandt wusste, dass dies eine schwierige Reise werden würde. „Polen, das erste Opfer Hitlers, geteilt, nach Westen verschoben, amputiert, der Verlierer unter den Siegern, sollte sich nicht erneut gedemütigt fühlen."[102] Zunächst verlief alles planmäßig, wie das Protokoll es vorsah. Zwei Träger, gefolgt von Willy Brandt und seiner Delegation, legten einen Kranz mit weißen Nelken vor dem Ehrenmal für die ermordeten Juden des Warschauer Ghettos im Herzen der Stadt nieder.[103] Daraufhin justierte Willy Brandt, wie es Staatsmänner in solchen Momenten häufig tun, noch ein wenig die Schleifen mit der Aufschrift „Der Bundeskanzler der Bundesrepublik Deutschland". Danach trat er, den Blick auf das Ehrenmal gerichtet, ein paar Schritte zurück. Dann wurde es mucksmäuschenstill und Willy Brandt überraschte alle Anwesenden, als er vor dem Denkmal unvermittelt auf die Knie sank In einem Interview kommentierte Willy Brandt seine Eingebung später mit den Worten: *„Ich konnte dann letztlich nichts anderes tun, als ein Zeichen zu setzen. Ich bitte für mein Volk um Verzeihung, bete darum, dass man uns verzeihen möge."*[104] Mit diesem Kniefall hat „einer, der frei von geschichtlicher Schuld war, die geschichtliche Schuld seines Volkes bekannt." Diese große, weise Geste der Demut in Form nonverbaler Kommunikation überzeugte die Umstehenden mehr als jede Ansprache.[105]

Wir alle wissen, dass Kommunikation sowohl verbal als auch non-verbal vonstattengeht. Beteiligt sind dabei mindestens zwei Menschen, wobei der sogenannte Sender dem sogenannten Empfänger etwas mitteilt. Wie das Gesendete beim anderen ankommt, hängt davon ab, wie es auf den Empfänger wirkt. Insofern ist Kommunikation immer auch Wirkung und entspricht nicht stets der eigenen Absicht. Auf dieses Phänomen verweist der von uns häufig genutzte Satz: „Das habe ich nicht so gemeint."– was zum Ausdruck bringt, dass das, was der Sender bezwecken wollte, wohl nicht oder anders beim Empfänger angekommen ist.

Mit seinem Kniefall hat Willy Brandt allerdings genau die Wirkung bei den Betroffenen und seinen Gastgebern erzielt, die er erzielen wollte, auch wenn seine Geste von einem großen Teil der deutschen Bevölkerung als kritisch angesehen wurde.

Aber wie entsteht überhaupt weise Kommunikation? Weise Kommunikation kann nur von einem Menschen ausgehen, der über Weisheit verfügt. Da der Begriff Weisheit in der heutigen Zeit ebenso wie das Zuhören ein wenig aus der Mode gekommen ist, habe ich in einem enzyklopädischem Werk, das ebenfalls aus der Mode gekommen ist, dem Brockhaus, nach einer Definition gesucht. Und ich wurde fündig:

Weisheit ist das (vorwissenschaftliche) Erfahrung und (Lebens-)Klugheit zusammenfassende und weiterführende Wissen, das überlegen und zugleich taktvoll bescheidene Sicherheit im Verhalten zu Welt und Menschen verleiht; sie wurde schon von Platon als Kardinaltugend beschrieben.[106]

Unsere Weisheit speist sich also vornehmlich aus unserem eigenen Erfahrungswissen, das wir auf dieser Welt sammeln durften. Gleichzeitig befähigen uns dieses Wissen und die Lehren, die wir daraus ziehen, zur Entwicklung einer bestimmten Haltung, die für andere im Außen sichtbar wird und als weise empfunden werden kann. Lassen Sie uns schauen, zu welchen Weisheiten Brandts selbstgelebtes und reflektiertes Erfahrungswissen noch geführt hat.

Willy Brandt dachte in Alternativen statt in Gegensätzen. Denn Gegensätze wie „Entweder oder, Freund oder Feind, sind bühnenwirksam oder diktatorengemäß, aber nicht einmal nach einer bedingungslosen Kapitulation ratsam." Und schon gar nicht, wenn man solide demokratische Erfolge erreichen will." Brandts Politik stand vielmehr immer unter dem Stern des Sowohl-als-auch. Eine Entscheidung als alternativlos zu deklarieren, hätte Brandt nie zugelassen. So stellt „der Kompromiss in der Demokratie die Regel dar, sofern es nicht um Gewissensfragen geht." Diese weise Haltung kam der gesamten Entspannungspolitik in der Nachkriegszeit zugute, bei der es darum ging, „Stabilität in Europa zu vereinbaren", unabhängig von ideologischen Unterschieden. „Unsere Entspannungspolitik wollte die Realität sowohl anerkennen als auch verändern." Auch in diesem Statement liegt ein starkes Sowohl-als-auch. Willy Brandt war auch dahingehend weise, dass er erkannte, wozu es führen würde, wenn Politiker so tun, als hätten sie die Weisheit mit Löffeln gegessen. So führe seiner Ansicht nach ein solches Verhalten (…) *zur Intoleranz, zu Verketzerung oder zur Selbstgefälligkeit, die dann Faulheit wird, die den Staat, die das Gemeinwesen erschlaffen lässt.*[107] Was Willy Brandt ebenfalls auszeichnete, war seine Offenheit bzw. die Bereitschaft, sich auf neue Erfahrungen bzw. Denkweisen einzulassen. So beschrieb Filipe González, ehemaliger Ministerpräsident von Spanien und Freund von Willy Brandt, diesen mit den Worten: „Du bist immer (...), aber auch immer aufgeschlossen für neue Ideen, sinnreiche Gedanken und für die scheinbar unerreichbaren Horizonte. Nur die Resignation kann uns zurückwerfen, sagtest du, nie die Schwierigkeit."[108] Das Gegenteil davon wäre ja eine Haltung, die sich Neuem gegenüber verschließt, andere Denkweisen nicht toleriert und nur die Dinge zulässt, die dem eigenen Horizont entsprechen. Auf einem solchen Nährboden hat die Weisheit keine Chance, sich zu entwickeln.

Typisch für Brandt war ebenfalls, dass er nicht befehlen konnte. Er war kein Mensch, der Anweisungen erteilte. Horst Ehmke, ebenfalls ein Wegbegleiter von Willy Brandt, brachte diese vermeintliche Führungsschwäche folgendermaßen auf den Punkt: „Er will nicht bossen." Sein kooperativer Führungsstil war auf Konsens ausgerichtet, er wollte durch Überzeugung führen. Insoweit kam es ihm auch überhaupt nicht in den Sinn, als Bundeskanzler von seiner Richtlinienkompetenz nach Art. 65 Satz 1 GG als „Machtinstrument" Gebrauch zu machen. Dieser Artikel legt fest, dass der Bundeskanzler die Richtlinien der Politik bestimmt. Die Anwendung dieser durch das Grundgesetz legitimierten Vorgehensweise käme eher einem hierarchischen oder autoritären Führungsstil gleich, der dem Wesen von Willy Brandt, seinem nichtautoritären Auftreten und seinem Verständnis von Demokratie diametral entgegengestanden hätte. „Nur wenn es unumgänglich war, hat er Weisungen gegeben."[109]

Der autoritäre Führungsstil zeichnet sich durch eine klare Rangordnung aus. Die Führungskraft tritt in der Regel dominant auf, erteilt Weisungen und fordert von ihren Mitarbeitern unbedingten Gehorsam. Weder Mitarbeitereinwände noch Mitarbeiterbedürfnisse spielen beim autoritären Führungsstil eine Rolle. Damit einher geht sogleich einer der Nachteile, die mit dieser Art zu führen verbunden ist. Denn auch eine Führungskraft ist natürlich nicht allwissend. Das aber von sich anzunehmen und entsprechend nach außen aufzutreten, schafft Distanz, wirkt arrogant, dogmatisch und ist damit sehr weit von einem weisen Verhalten entfernt. Denn Weisheit erhebt nicht den Anspruch auf Absolutheit.

Der demokratische oder kooperative Führungsstil dagegen, der auch bei Brandt sichtbar wurde, stellt die Zusammenarbeit zwischen Führungskraft und Mitarbeiter in den Mittelpunkt. Mitarbeiter werden am Entscheidungsprozess beteiligt, vorrangig herrschen „partnerschaftliche bzw. gruppenbezogene interpersonelle Arbeits- und Führungsbeziehungen".[110] Kritische Bemerkungen oder Mitarbeitereinwände sind Teil des Konzepts, eine Begegnung auf Augenhöhe ist das angestrebte Ziel. So setzte auch Brandt im Rahmen seiner Führung auf die Unterstützung und Beratung durch seine Mitarbeiter: „Einmal eingestellt, vertraute er ihnen, gewährte großen Handlungsspielraum und kontrollierte kaum."[111] Zu seinen engen Vertrauten entstanden sogar freundschaftliche Beziehungen, wie zum Beispiel zu Egon Bahr, ehemaliger Bundesminister für besondere Aufgaben im Bundeskanzleramt.

Vielleicht ist dies ein guter Moment, über Ihren eigenen Führungsstil nachzudenken. Wie Sie sicherlich wissen, gibt es viele Ansätze, Führung zu definieren. Vermutlich sind Sie sich auch darüber bewusst, dass nicht jeder Führungsstil zu Ihnen passt. Vielmehr hängt die Entscheidung für die Art der Führung auch immer vom eigenen Charakter, von den externen Rahmenbedingungen und von der jeweils herrschenden Unternehmenskultur ab. Lassen Sie uns dennoch drei Führungsstile betrachten, die sehr gut in diesen Kontext passen.

Charismatische Führung

Diese Art von Führung orientiert sich stark an den Eigenschaften, die eine charismatische Führungsperson typischerweise aufweist. Dazu gehören unter anderem „Dominanz, starkes Selbstvertrauen, das Bedürfnis, Einfluss zu nehmen, und ein ausgeprägter Glaube an die eigenen, als richtig angesehenen Werte."[112] Durch diese Eigenschaften weckt der charismatische Leader bei seinen Mitarbeitern in der Regel anspruchsvolle Ziele und „neue ‚(höhere)' Motive".[113] Das Vertrauen, das er ihnen schenkt, steigert ihre Selbstachtung und ihr Selbstvertrauen, was auch ihre Motivation erhöht.

Ethische Führung

Bei der ethischen Führung orientiert sich das Verhalten der Führungskraft an verschiedenen normativen Prinzipien und Kriterien für moralisches Verhalten, die idealerweise mit dem eigenen „moralischen Kompass"[114] übereinstimmen. Über einen solchen inneren Kompass, einer Grundorientierung, verfügte auch Willy Brandt. Sein oberstes Ziel war „*natürlich eine gerechte Gesellschaft*".

Um einen eigenen moralischen Kompass zu definieren, braucht es Klarheit über die eigenen handlungsleitenden Werte, Ansichten und Einstellungen, bevor sie in den Führungsprozess übertragen werden können. Im Resultat kann ethische Führung auf Vertrauen, Wertschätzung und Authentizität in der Beziehung zu den Mitarbeitern setzen. Dieser Ansatz kann sowohl das eigene Führungsverhalten ausrichten als auch Teil des charismatischen oder des transformationalen Führungsstils sein. Denn auch die charismatische oder transformationale Führungskraft kann ihr Führungsverhalten an ethischen Maßstäben ausrichten.

Transformationale Führung

Diesen Ansatz haben wir bereits bei Martin Luther King (Inspiration) kennengelernt. Die transformationale Führung unterscheidet sich speziell von der charismatischen Führung dadurch, dass Charisma zwar als notwendige, „aber nicht als ausreichende Bedingung für eine entsprechende Führungswirkung"[115] bei der Führungskraft vorliegt. Das Ziel der Transformation bezieht sich auf eine Änderung des Mitarbeiterverhaltens: weg vom reinen Dienst nach Vorschrift, „hin zu einem engagierten, motivierten, mit Führungskraft, Gruppe und Unternehmen verbundenen Mitarbeiter".[116]

Im Gegensatz zur charismatischen Führung, bei der der Selbstbezug im Vordergrund steht, erreicht die transformationale Führungskraft das Ziel durch eine den Mitarbeitern gegenüber zugewandte Beziehungsarbeit sowie durch individuelle Mitarbeiterförderung – auch im Hinblick auf deren Persönlichkeits- und Karriereentwicklung. Dabei nimmt die Führungskraft häufig die Rolle als Coach, Trainer, Mentor oder Förderer ein und fördert damit die Potenzialentfaltung ihrer Mitarbeiterschaft. Denn:

> „Wessen wir am meisten im Leben brauchen, ist jemand,
> der uns dazu bringt, das zu tun, wozu wir fähig sind."
> Ralph Waldo Emerson, US-amerikanischer Philosoph
> und Schriftsteller (1803–1882)

Da unsere Kommunikationskompetenz in der heutigen Welt eine Schlüsselqualifikation darstellt und unsere charismatische Wirkung stark beeinflusst, möchte ich Sie zu einer weiteren Extrameile einladen.

Extrameile für Ihr Charisma: Gewaltfrei kommunizieren

Sprache und Kommunikation sind Ausdruck unserer Persönlichkeit und Grundlage jeglichen Miteinanders. Auch wenn wir unsere Art zu kommunizieren nicht als „gewalttätig" bezeichnen würden, führen unsere Worte dennoch manchmal dazu, dass sich unser Gegenüber verletzt, eingeschüchtert oder provoziert fühlt. Die Konsequenz kann beispielsweise sein, dass unser Gesprächspartner sich rechtfertigt, zurückzieht oder sogar zum Angriff übergeht. Wollten wir das bezwecken? Oder ärgern wir uns im Nachhinein über unsere unbedachten, unsensiblen und vorschnellen Worte oder Gesten?

Klar, kommen wir über solche wenig erfolgreichen Interaktionen hinweg. Vielleicht argumentieren wir auch, dass es ja schließlich das Problem des anderen sei, wenn er sich auf den Schlips getreten fühlt. Aber das käme einem Pyrrhussieg gleich. Vor allem dann, wenn das eigentliche Thema damit nicht vom Tisch ist oder der Mitarbeiter nur aus Angst vor Konsequenzen klein beigegeben hat. In diesen Fällen hat nicht nur die Beziehungsqualität gelitten, sondern beeinflusst vermutlich auch die Motivation des Mitarbeiters, seine zukünftige Arbeitsleistung und -qualität negativ. Die sogenannte gewaltfreie Kommunikation (GFK), die vom US-amerikanischen Psychologen Dr. Marshall B. Rosenberg entwickelt wurde, setzt genau hier an und kann einen Beitrag dazu leisten, dass die Beziehungsqualität in Unternehmen oder anderen Organisationen keinen Schaden nimmt, ja sogar verbessert wird. Gewaltfreie Kommunikation „gründet sich auf sprachliche und kommunikative Fähigkeiten, die unsere Möglichkeiten erweitern, selbst unter herausfordernden Umständen menschlich zu bleiben. (...) Sie hilft uns bei der Umgestaltung unseres sprachlichen Ausdrucks und unserer Art zuzuhören." [117] Die entsprechende Anpassung unserer sprachlichen Ausdrucksweise kann gelingen, wenn wir uns an den vier Komponenten des sogenannten GFK-Modells orientieren: Beobachten – Gefühle – Bedürfnisse – Bitten.

Bevor ich Ihnen diesen Ablauf an einem praktischen Beispiel vorstelle, lassen Sie uns zuvor die Aspekte beleuchten, die nach Marschall B. Rosenberg zu einer „lebensentfremdenden"[118] und damit gewalttätigen Kommunikation uns selbst und anderen gegenüber beitragen. Dies ist zum Beispiel der Fall, wenn wir andere Menschen verurteilen, indem wir sie beleidigen, kritisieren, in Schubladen stecken, abwerten oder durch Äußerungen abstempeln wie „Mitarbeiter X ist faul," „Das Verhalten von Kollegin X ist unangemessen", „Wenn Sie genau zugehört hätten, dann ...", „So machen wir das hier nicht!", „Wenn Sie besser aufgepasst hätten, dann ..." oder „Herr Z ist ein Chaot". Wenn wir ehrlich sind, greifen wir immer dann zu solchen Verurteilungen, wenn uns das jeweilige Verhalten einer anderen Person nicht gefällt, weil es möglicherweise unseren Werten oder Bedürfnissen widerspricht, es unbequem ist oder weil wir es nicht verstehen. Wie würden wir stattdessen kommunizieren, wenn wir unsere Aufmerksamkeit nicht darauf richteten, zu analysieren, was mit dem anderen nicht stimmt? Was wäre, wenn wir stattdessen die jeweilige Situation lediglich beobachten würden, statt sie zu bewerten? Wenn wir uns darüber im Klaren wären, welche Gefühle uns in dem Moment beherrschen? Und wenn wir weiterhin erkennen würden, welches vernachlässigte Bedürfnis unser Gefühl erzeugt hat? Wenn wir Kommunikationssituationen unter diesen Aspekten betrachten würden, wären wir in der Lage, auch und gerade „schwierige" Beziehungen aus einem anderen Blickwinkel zu sehen und könnten gewaltfrei darauf reagieren.

Betrachten wir die vier Komponenten der GFK etwas genauer:

1. Beobachten, ohne zu bewerten
Bei diesem Schritt kommt es darauf an, das, was wir bei dem anderen als störend empfinden, lediglich zu beobachten und dies frei von unserer Bewertung zu formulieren. Beobachten, ohne zu bewerten, wird uns vermutlich ungewohnt vorkommen. Nach Ansicht des indischen Philosophen Jiddu Krishnamurti[119] stellt diese Fähigkeit sogar die höchste Form menschlicher Intelligenz dar. In den Fällen, in denen uns dies nicht gelingt, wird unsere Äußerung vom Empfänger häufig als Kritik wahrgenommen. Abwehr oder Rechtfertigung seinerseits sind dann vorprogrammiert.

BEISPIEL:

Beobachtung ohne Bewertung: „Sie haben mich gestern in unserem Kreis der Führungskräfte nicht nach meiner Meinung gefragt."

Mit Beimischung einer Bewertung: „Meine Meinung ist Ihnen anscheinend egal, denn Sie haben gestern in unserem Kreis der Führungskräfte nicht danach gefragt."

2. Gefühle wahrnehmen und ausdrücken
Eigene Gefühle wahrzunehmen scheint nicht die einfachste aller Übungen zu sein. Nach den Worten des US-amerikanischen Psychologen Rollo R. May sind für viele Menschen Gefühle „so begrenzt wie die Töne eines Hornbläsers".[120] Das heißt selbstverständlich nicht, dass sie nicht vorhanden sind, sondern dass es uns manchmal schwerfällt, sie wahrzunehmen und zu benennen.

BEISPIEL:

Unser Beispiel lässt sich gewaltfrei weiterentwickeln: „Sie haben mich gestern in unserem Kreis der Führungskräfte nicht nach meiner Meinung gefragt. Darüber habe ich mich geärgert."

Auf diese Weise kommuniziert die Führungskraft auch ihr Gefühl des Ärgers.

3. Bedürfnis
Bei diesem Schritt geht es darum zu beschreiben, welches Bedürfnis hinter meinem jeweiligen Gefühl steht. Im Rahmen der GFK ist diese Komponente beson-

ders wichtig, denn erst, wenn wir uns darüber im Klaren sind, welches unerfüllte Bedürfnis unser Gefühl erzeugt hat, können wir uns darum kümmern, dass es erfüllt wird. Dieser Zusammenhang macht auch deutlich, dass das, was unser Wohlbefinden stört, lediglich ein Auslöser für unsere Gefühle ist, aber nie die Ursache. Ursächlich ist in der Regel nämlich ein unerfülltes Bedürfnis oder eine unerfüllte Erwartung. Neben den körperlichen Grundbedürfnissen (Essen, Trinken, Schlafen usw.) gibt es die fünf psychologischen Grundbedürfnisse, die wir bereits im Kontext Resilienz in Kapitel 3 kennengelernt haben (5 Needs® von Denis Mourlane[121]).

BEISPIEL:

Die Führungskraft könnte das unerfüllte Bedürfnis, das möglicherweise ihr Gefühl verursacht hat, wie folgt benennen: „Sie haben mich gestern in unserem Kreis der Führungskräfte nicht nach meiner Meinung gefragt. Darüber habe ich mich geärgert, weil es mein Bedürfnis ist, dass wir unseren Führungskräftekreis als Team verstehen."

4. Bitte

Mit der Bitte teilen wir unserem Gegenüber mit, was wir brauchen, damit unser Bedürfnis erfüllt wird. In der GFK wird die Bitte in positiver Handlungssprache formuliert. Wir bitten also um etwas, was der andere tun kann, und nicht darum, was der andere unterlassen soll. Üblicherweise wird unser Gegenüber auch eher auf eine Bitte als auf eine Forderung eingehen. Geht die andere Person auf unsere Bitte ein, verleiht ein „Danke" des Bittenden dem gesamten Prozess einen runden Abschluss. Will unser Gegenüber jedoch nicht auf unsere „ehrliche" Bitte eingehen, könnten wir in einem neuen Versuch darum bitten, gemeinsam nach einer Lösung zu suchen, wie das Bedürfnis erfüllt werden könnte.

BEISPIEL:

Die Kommunikation könnte wie folgt aussehen: *„Sie haben mich gestern in unserem Kreis der Führungskräfte nicht nach meiner Meinung gefragt. Darüber habe ich mich geärgert, weil es mein Bedürfnis ist, dass wir unseren Führungskräftekreis als Team verstehen. Deshalb möchte ich Sie bitten, dass Sie beim nächsten Treffen auch meine Meinung anhören. Geht das in Ordnung? Vielen Dank!"*

Bei einem „Nein": *„Können wir gemeinsam nach einem Weg suchen, wodurch deutlich wird, dass wir unseren Kreis als Team verstehen?"*

Vermutlich verfügen Sie über Ihre eigene Art und Weise, schwierige Themen in Ihrer eigenen Sprache zum Ausdruck zu bringen.

Die Erfahrungen aus meiner Coachingpraxis zeigen, dass viele Coachees den Wunsch haben, die eigene Kommunikation dahingehend auszurichten, durch Worte, die Fenster und nicht Mauern bedeuten, einfühlsam mit anderen in Beziehung zu treten, um auf beiden Seiten akzeptable Ergebnisse zu erreichen. Hierzu kann die GFK einen entscheidenden Beitrag leisten.

3. Resonanz

Eingangs habe ich beschrieben, dass Willy Brandt in der Lage war, mit unterschiedlichen Menschen in Resonanz zu gehen. Wie sieht eine solche Beziehung aus, die sich durch Resonanz konstituieren lässt? Was beschreibt dieses Phänomen überhaupt?

Resonanz leitet sich vom lateinischen Wort „resonare" ab, übersetzt bedeutet es erklingen, widerhallen oder ertönen. Die Physik beschreibt Resonanz als „das verstärkte Mitschwingen eines schwingfähigen Systems, wenn es einer zeitlich veränderten Einwirkung unterliegt".[122] Für den Soziologen Dr. Hartmut Rosa besteht kein Zweifel, dass sich „der Resonanzbegriff als Metapher zur Beschreibung von Beziehungsqualitäten in einem hohen Maße eignet".[123] Für ihn sind Beziehungen, die auf Resonanz gründen, solche, in denen sich „Subjekt und Welt gegenseitig berühren und zugleich transformieren".[124] Erfahren Menschen solche „resonanten Austauschbeziehungen"[125], empfinden sie sich häufig als glücklich, bezeichnen ihr Leben als gelungen und sinnhaft.

Dieser Ansatz, gerade auch im Hinblick auf Führung, hat mich sehr inspiriert, so dass ich ihn gerne näher beleuchten und in Bezug zu Willy Brandt setzen möchte. Entscheidend für Rosa sind fünf Kernmerkmale, die sich einer solchen Beziehung zuordnen lassen:[126]

1. Auslösender Moment
Damit Resonanz überhaupt entstehen kann, braucht es zunächst einen auslösenden Impuls, durch den wir uns berührt, erreicht oder bewegt fühlen – also einen Moment, der bei uns etwas in Schwingung bringt. Häufig fühlen wir diesen Moment sogar körperlich, zum Beispiel indem wir eine Gänsehaut bekommen, uns ein Schauer über den Rücken läuft oder uns Tränen in die Augen schießen lässt. Solche Erfahrungen haben wir sicherlich alle schon einmal gemacht. Auslöser dafür kann zum Beispiel eine Begegnung mit einem Menschen gewesen sein, genauso aber auch eine attraktive Idee, eine Vision, ein bestimmtes Buch, ein Naturerlebnis, ein Konzertbesuch oder der Anblick unserer Kinder.

2. **Antwort bzw. Reaktion auf den Auslöser**
Das zweite Kernmerkmal erfordert, dass wir auf diesen berührenden Impuls bzw. auf diesen uns berührenden Auslöser antworten, indem wir reagieren, denn für eine Resonanzbeziehung genügt es nicht, nur berührt zu werden. Vielmehr erfordert sie Wechselseitigkeit, also einen Prozess des Berührens und Berührtwerdens sowie das Erleben von Selbstwirksamkeit.[127] Anschaulich wird dies am Beispiel zweier klingender Metronome, das ich Ihnen nachfolgend noch vorstellen werde.
3. **Wirkung auf die Beteiligten**
Das dritte Kernmerkmal beschreibt die verwandelnde Wirkung auf die Beteiligten.[128] Menschen, die in eine wechselseitige Resonanz zueinander treten, haben nach dem jeweiligen Berührtwerden eine – wenn auch manchmal nur sehr kleine – Veränderung erfahren. Denn eine solche Transformation bzw. Anverwandlung kann – muss nicht zwingend – dazu führen, dass wir unser ganzes Leben auf den Kopf stellen.
4. **Unverfügbarkeit von Resonanz**
Das vierte Kernmerkmal beschreibt die Unverfügbarkeit von Resonanz. Es macht deutlich, dass wir weder resonante Austauschbeziehungen noch Resonanzerfahrungen systematisch herstellen können.[129] Weder können wir solche Beziehungen erzwingen, noch können wir Resonanzerfahrungen akkumulieren, kaufen, speichern oder steigern. Jeder Versuch dahingehend, hätte vielmehr den gegenteiligen Effekt.
5. **Bedingungen für Resonanz**
Das fünfte und letzte Kernmerkmal beschreibt, dass Resonanz nur unter bestimmten Verhältnissen bzw. unter bestimmten Bedingungen möglich ist. Dies zeigt folgende Versuchsreihe:

BEISPIEL:

Stellt man zwei Metronome mit unterschiedlichen Tempi nebeneinander auf eine Steinplatte, schlägt jedes Metronom unabhängig von dem anderen seinen Takt. Stellt man die Metronome dagegen auf eine schwingungsfähige Unterlage (z. B. ein dünnes Holzbrett), welches man auf zwei leere, parallel ausgerichtete Dosen legt, entsteht für beide Metronome ein Resonanzraum mit der Folge, dass sie sich aufeinander einpendeln. Hieran lässt sich das wechselseitige Berühren und Berührtwerden erkennen, das für eine resonante Austauschbeziehung typisch ist. Das passende Video dazu können Sie sich übrigens auf YouTube ansehen.[130]

Auch Willy Brandt besaß die Fähigkeit, andere Menschen durch seine Persönlichkeit, seine Rhetorik sowie seine Taten zu berühren, sie anzuregen und zu bewegen. Erinnern wir uns an den Kniefall von Warschau. Auch gelang es ihm, seine Mitarbeiter in eine produktive Schwingung zu versetzen. So beschreibt Albrecht Müller, ehemaliger Planungschef im Bundeskanzleramt unter Willy Brandt, ihn mit den Worten: „Willy Brandt war bisher der einzige Bundeskanzler, der die guten Saiten in uns zum Klingen brachte. Er hat uns bei unseren guten Eigenschaften gepackt."[131] Darüber hinaus brachte Brandt – der Emigrant – auch die damaligen Intellektuellen durch seine „unbürgerliche Lebensgeschichte"[132] zum Schwingen. Speziell Günter Grass war in der Zeit Brandts Kanzlerschaft ein fleißiger Wahltrommler für die „Es-Pe-De".[133]

Ebenso waren „resonante Austauschbeziehungen" zu ihm möglich, denn er war offen genug, „um sich affizieren oder erreichen zu lassen", aber auch gleichzeitig „hinreichend geschlossen bzw. konsistent, um mit eigener Stimme zu sprechen.[134] Eine solche Beziehung zeigt sich besonders im Verhältnis zu Egon Bahr, seinem engsten politischen und persönlichen Weggefährten und Freund. Richard von Weizsäcker beschreibt diese Beziehung wie folgt: „Willy Brandt und Egon Bahr, das war ein ziemlich einmaliges Zusammenwirken. Jeder kam erst mit Hilfe des anderen zur wirksamen Entfaltung seiner Gaben."[135] Auch in diesem Statement wird deutlich, dass „Resonanz keine Echo-, sondern eine Austauschbeziehung"[136] ist. Denn zum Wesen einer solchen Beziehung gehört es, dass sich beide Seiten aufeinander einschwingen, aber dennoch „mit eigener Stimme sprechen"[137] und sich häufig auf diese Art und Weise ergänzen oder sogar verstärken. Dies macht eine resonante Austauschbeziehung so besonders reizvoll.

Kein Wunder, dass Menschen nach solchen Beziehungen streben, in denen sie etwas bewegen und bewirken können (Selbstwirksamkeit), in denen sie sich angenommen fühlen, in denen sie mit eigener Stimme sprechen dürfen und gleichzeitig etwas zurückbekommen. Leider, oder vielleicht auch Gott sei Dank, ist Resonanz nicht per se verfügbar, noch lässt sich dieses Phänomen kontrolliert herstellen. Dies gilt ebenso für resonante Beziehungen. Denn auch diese sind jeweils durch einen Moment „konstitutiver Unverfügbarkeit"[138] gekennzeichnet. Welchen Wert jedoch hat Resonanz, wenn wir sie nicht kontrollieren, beherrschen, organisieren bzw. managen können? Oder macht das gerade den Reiz aus, eben nicht zu wissen, wann und wie Resonanz passiert oder wann sich aus ihr Beziehungen begründen? Welche Antworten wir hierauf auch finden, wir sollten uns in jedem Fall ein gewisses Maß an Offenheit, Vertrauen sowie an Resonanzsensibilität bewahren, um Resonanz spüren zu können. Denn eine gezielte Verweigerung von Resonanzen, zum Beispiel aus Zeitgründen oder um eine bestimmte Rolle zu erfüllen, führt nach Rosa „zu Frustrationserlebnissen und zu gesundheitlichen Krisen"[139] und letztlich auch zu einer Reduzierung unserer Ausstrahlung, unseres Charismas.

Extrameile für Ihr Charisma: Resonanz ermöglichen

Überlegen Sie doch bitte einmal selbst, welche Bedingungen vorliegen müssen, damit Sie überhaupt in Resonanz treten können. Was hindert Sie manchmal daran, in Resonanz mit sich selbst, mit anderen Menschen, mit der Natur oder generell mit der Welt zu treten?

Die Beschäftigung mit diesen Fragen ist gerade deswegen so spannend, weil wir von jeher ein tiefes Bedürfnis nach Resonanz haben. Doch obwohl wir von dieser Sehnsucht beseelt sind, arbeiten wir meist unbewusst dagegen. Wer sich zum Beispiel hektisch durchs Leben bewegt, wer keine Zeit für persönliche Gespräche mit Mitarbeitern hat, wer sich unentwegt von Nachrichten auf seinem Handy ablenken lässt, wer ausschließlich seinen Pflichten gehorcht, wer verkniffen seine To-do-Listen abarbeitet oder seinen Mitarbeitern ausschließlich in der Rolle des Managers begegnet, „verfehlt damit gerade das, was er – im Grunde – am meisten sucht: Resonanz".[140] Auch Arbeitsbeziehungen, die unter hohem Effizienz- und Optimierungsdruck stehen, bieten oftmals wenig Gelegenheiten für Resonanzerfahrungen. Denn dort ist der Faktor Zeit, den wir für die Ausbildung von resonanten Beziehungen brauchen, überhaupt nicht vorhanden, geschweige denn vorgesehen. Denken wir nur an die Pflegebranche. Hier haben wir eine hohe Intensität von Resonanzerwartungen, die jedoch wegen des Kostenfaktors Zeit häufig unerfüllt bleiben. Wie können wir uns also Resonanz ermöglichen, auch wenn sie etwas Unverfügbares ist?

Hier ein paar Vorschläge für Sie:

- Wir könnten uns darauf besinnen, den Menschen und der Natur um uns herum wieder wahrhaftiger zu begegnen.
- Wir könnten uns Resonanzräume suchen, die für uns sinnstiftend sind und in denen wir etwas zurückbekommen. Viele Menschen erleben dies zum Beispiel bei der Ausübung eines Ehrenamts oder indem sie sich um hilfsbedürftige Menschen kümmern.
- Wir könnten uns in bestimmten Bereichen mehr engagieren, statt lediglich zu konsumieren.
- Wir könnten vermehrt darauf achten, von einem Nebeneinander mehr und häufiger zu einem Miteinander zu kommen.
- Wir könnten uns von der vorherrschenden Meinung verabschieden, dass ein Mehr an Wahlmöglichkeiten und ein Mehr an individueller Freiheit unser Leben zwangsläufig verbessern. Wir könnten uns anhalten, weniger gleichgültig mit Menschen, Natur und Dingen umzugehen.

- Wir könnten für Oasen der Menschlichkeit sorgen, in denen wir unserem Gegenüber das Gefühl geben, gesehen und gehört zu werden.

Mit all diesen Maßnahmen würden wir die Wahrscheinlichkeit mehr als erhöhen, Resonanz zu erleben und damit etwas für unsere charismatische Ausstrahlung tun.

4. Menschlichkeit

Als er beschloss, „keine Rollen mehr zu übernehmen, nur noch Willy Brandt zu sein", waren viele aus seiner Partei überrascht, „was für ein menschlicherer, reiferer Willy Brandt ihnen da gegenübertrat."[141] Dieser Beschluss, sich in aller Konsequenz von den Rollenspielchen zu verabschieden, markiert einen Wendepunkt in seinem politischen Leben. Brandt fasste ihn nach der enttäuschenden Wahlniederlage der SPD vom 19. September 1965, seiner zweiten Niederlage als Kanzlerkandidat eben jener Partei. Damit befreite er sich von seiner Stilisierung als „deutscher Kennedy", von dem „Etikett des ewigen Kandidaten"[142] sowie von der damit einhergehenden und erzwungenen „Charakter-Kosmetik", ja von dem „Zwang, gefallen zu müssen auch um den Preis der Verstellung".[143] Sie führte ihn zurück nach Berlin und in die Auseinandersetzung mit der Zeit seiner Emigration, aber auch zu seinem Buch mit dem Titel *Draußen: Schriften während der Emigration* aus dem Jahre 1966. Dieses Werk wiederum hatte den „heilsamen Effekt", ihn in seiner Überzeugung zu bestärken, *„daß man das alles vorzeigen kann, daß nichts davon wegerklärt zu werden braucht."*[144] Auf der Basis dieser Erkenntnis konnte er nunmehr unverkrampft zu sich als Mensch – mit seinen Stärken und Schwächen –, zu seiner Herkunft und zu seiner Vergangenheit stehen und wurde dadurch umso wirkungsvoller. Die Erkenntnis, ein Brandt „mit oder ohne Amt"[145] zu sein, bestärkte ihn und gab ihm eine gewisse Gelassenheit für seinen weiteren politischen Weg. Ein Weg, der seine Authentizität stärkte. Ein Weg, mit dem es ihm über die Jahre gelang, trotz der vielen Macht- und Grabenkämpfe und trotz der vielen sichtbaren Verletzungen, menschlich zu reifen und vor allem menschlich zu bleiben – nicht zuletzt deswegen, weil er sparsam mit seiner Autorität umging. Manchmal sah man sie aufblitzen, zum Beispiel in einer neugierigen Frage, in einem unverbindlichen Rat oder in seiner Mimik. Aber niemals benutzte er seine Autorität dafür, um die Menschen, die er führte, in seinem Umfeld abzuqualifizieren, sie zu demütigen oder auszugrenzen. Denn viel zu sehr hatte Brandt „Respekt vor der Freiheit des anderen"[146], so dass er den Menschen stets auf Augenhöhe, wertschätzend und anerkennend begegnete. Menschlichkeit war für Brandt aber nicht nur eine Haltung bzw. ein Wert, sondern auch eine Seite an ihm, die bei seinen Anhängern viel „Sympathie, Vertrauen und Zuneigung auslöste".[147] So war Brandt auch ein „Symbol für die Stärke der Schwachen".[148]

Extrameile für Ihr Charisma: Menschlichkeit wagen

Willy Brandt hat uns gezeigt, dass der Faktor Menschlichkeit einen Teil seiner charismatischen Ausstrahlung sowie seines Führungsstils ausmachte. Dass sich Führung und Menschlichkeit nicht ausschließen, ist uns spätestens seit Bodo Janssens Bestseller *Die stille Revolution*[149] bekannt. Aber was genau ist Ausdruck von Menschlichkeit in der Führung?

Ich werde Ihnen jetzt nicht raten, welche Knöpfe man drücken sollte, damit es mal wieder so richtig „menschelt". Dennoch könnten wir als Führungskraft je nach Situation und je nachdem, wen wir vor uns haben, manchmal ein wenig unsere Maske lüften bzw. einräumen, dass wir Fehler machen, dass wir nicht allwissend sind und natürlich auch mal falsche Entscheidungen treffen. Dies würde gleichzeitig den Druck von uns nehmen, aufgrund unseres Charismas übermenschlich erscheinen zu müssen. Im Übrigen entgingen wir dadurch auch der Gefahr, uns von unseren Mitmenschen bzw. unseren Mitarbeitern zu entfremden. Vermutlich wissen Sie selbst, wie einsam es manchmal an der Spitze sein kann bzw. wie dünn die Luft wird, je höher man steigt. Wenn niemand mehr neben uns, sondern alle unter uns stehen, werden wir auch um die Möglichkeit gebracht, echtes Feedback oder einen objektiven Rat zu erhalten. Ein Grund mehr, nie zu vergessen und es auch zu zeigen, dass hinter unserem Charisma ein Mensch steht.

Menschlich zu führen bedeutet aber nicht nur, sich zu seinen menschlichen Seiten zu bekennen. Menschliche Führung bedeutet auch, eine Haltung zu entwickeln, die zum Ausdruck bringt, dass wir den „Menschen als Ganzes mehr Raum und mehr Bedeutung"[150] im Arbeitsleben beimessen. Wie kann sich eine solche Haltung in unserem Führungsverhalten widerspiegeln? Wie lässt sich menschliche Führung abbilden?

Neben den Komponenten, die wir bereits bei Willy Brandt identifizieren konnten, wie Empathie, Zuhören, weise und gewaltfreie Kommunikation usw., spielen weitere Faktoren eine Rolle. Menschliche Führung legt ihr Augenmerk auf die individuelle Unterstützung und Förderung der Mitarbeiter. Menschliche Führung sucht den Dialog zu Mitarbeitern, lässt sich auf echte und intensive Beziehungen ein, stellt sich, wenn nötig, schützend vor sie, nimmt die Mitarbeiter in ihrer Individualität wahr und wertschätzt sie entsprechend, übt Nachsicht, nimmt sich Zeit für persönliche Gespräche und für Führung an sich, gibt den Mitarbeitern das Gefühl, etwas bewegen bzw. bewirken zu können (Selbstwirksamkeit) und versucht, Fairness walten zu lassen. Generell lässt sich sagen, dass sich menschliche Führung dadurch auszeichnet, dass sie den Fokus auf die Mitarbeitenden richtet. Statt den Menschen als Mittel (human resource) zu betrachten, stellt menschliche Führung den Menschen in den Mittelpunkt.

„Jeder Mensch möchte (…), dass mit ihm menschlich umgegangen wird."[151] – Wenn wir diesem Bedürfnis auch im Rahmen unserer Führungsarbeit entsprechen können, fühlen sich unsere Mitarbeiter ernst- und angenommen, was wiederum die so wichtige emotionale Bindung nicht nur an das Unternehmen, sondern auch an uns persönlich bewirkt. Unter dem Aspekt, dass – wie wir alle wissen – Mitarbeiter keine Unternehmen verlassen, sondern ihre Vorgesetzten, hat menschliche Führung auch eine wichtige, nachhaltige Funktion.

CHARISMA-FAKTOR 4: WIRKUNGSINTELLIGENZ

BARACK OBAMA

„Change. We can. Believe in."
Barack Obama

© Official White House Photo by Pete Souza – https://commons.wikimedia.org/wiki/File:President_Barack_Obama.jpg?uselang=de

Es war kalt in der Hauptstadt Springfield im Bundesstaat Illinois. Die Außentemperatur an diesem winterlichen Samstagmorgen betrug minus 15 Grad Celsius. Der Himmel zeigte sein schönstes Blau. Die Sonne strahlte, hatte es aber schwer, gegen die eisige Kälte anzukommen. Auch das Old State Capitol, wo einst Abraham Lincoln im Jahr 1858 seine US-Präsidentschaft angekündigt hatte, war herausgeputzt und stand an diesem Morgen nach fast 150 Jahren wieder einmal in einem besonderen Licht. Bereit, dem Redner eine Bühne sowie eine historische Kulisse zu geben, die dieser für seine gut durchdachte Inszenierung brauchte. Nach und nach füllte sich der Platz vor dem Capitol mit Leben. Von Jung bis Alt und von Schwarz bis Weiß war alles vertreten. Jeder Bewohner der kleinen Universitätsstadt wollte an jenem 10. Februar 2007 live dabei sein. An einem Tag, an dem ein schwarzer „Senator aus Illinois offiziell seine Bewerbung für das Amt des Präsidenten der Vereinigten Staaten verkündet".[152] Um 10 Uhr war es dann endlich soweit. Das lange Stehen und Warten in eisiger Kälte hatte sich also gelohnt. Senator Barack Obama betrat gemeinsam mit seinen beiden kleinen Töchtern Malia und Sasha sowie seiner Frau Michelle die Bühne. Alle vier wurden von der Menschenmenge wie Popstars umjubelt, begrüßt und empfangen. Unfassbar, wie viel Hoffnung, „Commitment" und Vertrauen bereits zum damaligen Zeitpunkt in der Luft lagen.

Auch Barack Obama war ergriffen, fand aber schnell die passenden Worte zur Begrüßung: „Hello Springfield! Look at you. Look at all of you. (....) Let me begin by saying thanks to all you who've traveled, from far and wide, to brave the cold today. I know it's a little chilly - but I'm fired up."[153] Obama war im wahrsten Sinne des Wortes „fired up", denn er brannte für das, was er tat, und für das, wofür er an diesem frostigen Februarmorgen antrat, nämlich der erste schwarze Präsident der USA zu werden.

„Nur wer selbst brennt, kann Feuer in anderen entfachen."
Augustinus von Hippo, numidischer Kirchenlehrer (354–430 n. Chr.)

Nur wer selbst hingerissen ist, vermag andere zu begeistern. Nur wer selbst ergriffen ist, vermag andere zu bewegen – im Denken und im Verhalten. Speziell in der Zeit des Wahlkampfes bis zu seiner Vereidigung zum 44. Präsidenten der USA am 20. Januar 2009, ging von Barack Obama eine unglaublich mitreißende und charismatische Wirkung auf seine Gesprächspartner, auf die amerikanische Bevölkerung, ja sogar auf die Weltbevölkerung aus. Womit hing dies zusammen? Was machte diesen „Menschenfänger" gerade in der Zeit des Wahlkampfes so wirkungsstark bzw. so wirkungsmächtig? Was begründete seine charismatische Führung zum „machtvollsten Amt der westlichen Welt"[154]? Die Antworten auf solche Fragen stehen natürlich immer im Zusammenhang mit dem damaligen politischen Zeitgeschehen und dem jeweiligen Charakter einer Persönlichkeit mitsamt seiner Lebensgeschichte.

Barack Obama bediente mit seiner Familiengeschichte, die er in seinen Reden häufig als Parabel einsetzte, das Idealbild und das Selbstverständnis der Amerikaner. Ein Selbstverständnis, das auf dem Glauben vieler US-Amerikaner beruht, in einem Land der unbegrenzten Möglichkeiten zu leben. Amerika sei das Land, in dem jeder Mensch unabhängig von Hautfarbe, Religion, Bildung und Einkommen alles erreichen könne. Ein Land, in dem die Gesellschaft durchlässig sei und jeder die Chance habe, es vom Tellerwäscher zum Millionär zu schaffen. Zwar war Obama kein Tellerwäscher, aber seine familiären Wurzeln waren auch nicht gerade ein Freifahrtschein ins Weiße Haus. Anders als zum Beispiel bei J. F. Kennedy, der sozusagen schon qua Geburt diesem Amtssitz recht nahe war. Geboren wurde Barack Obama, mit dem Zweitnamen Hussein, am 4. August 1961 in Honolulu, Hawaii. Seine weiße Mutter, Stanley Ann Dunham, stammte ursprünglich aus Kansas, sein schwarzer Vater, Barack Hussein Obama, aus Kenia. Kennengelernt hatten sich seine Eltern 1959 an der University of Hawaii, wo Obama Senior als Gaststudent studierte. Die gemeinsame Zeit währte jedoch nicht lang. Obama Senior verließ 1963 das „Paradies" und die kleine Familie, um in Harvard einen höheren Hochschulabschluss zu erreichen. Im gleichen Jahr wurde die Ehe geschieden. So wuchs Barack Obama Junior weitgehend vaterlos in der Obhut seiner Großeltern und seiner Mutter abwechselnd auf Hawaii und in Indonesien auf. Erst 1971 ergab sich für Barack Obama die Möglichkeit, seinen Vater besser kennenzulernen, als dieser für einen Monat nach Hawaii zurückkehrte, um sich von den Folgen eines Autounfalls zu erholen. Dies war für Obama die einzige bewusste gemeinsame Zeit, an die er sich noch erinnert, denn 1982 verstarb der Vater an den Folgen eines erneuten Autounfalls in Kenia. In seiner späteren Autobiografie aus dem Jahre 1995 *Dreams from my father*, beschreibt Barack Obama, wie wichtig die gute und konstante Beziehung zu seiner Mutter für ihn war. *„Sie war der freundlichste, großzügigste Mensch, dem ich je begegnet bin – ihr verdanke ich das Gute in mir."*[155] Die zweite starke Frau, die ihn sehr geprägt hatte, war seine Großmutter mütterlicherseits. Tutu, wie er sie nannte, *„war mein ganzes Leben lang ein Fels, auf den ich bauen konnte."*[156] Von seinem Vater blieben ihm vorwiegend die Erzählungen. So stellten seine Großeltern und seine Mutter häufig positive Parallelen zwischen ihm und seinem Vater her. Wie sein Vater verfüge auch Barack über ein großes Maß an Selbstvertrauen und einem unbändigen Glauben an die eigenen

Begabungen Auch er besäße den „Charme und die Fähigkeit, auf andere Menschen zuzugehen, sie zu bezaubern oder, wenn nötig, zu entwaffnen". Ein glaubwürdiges und hilfreiches Erbe, wie wir noch sehen werden.

Was darüber hinaus erleichterte dem demokratischen Kandidaten schließlich, den Weg ins Weiße Haus zu meistern? Zunächst ging es im Wahlkampf 2008 darum, sich in den Vorwahlen gegenüber seinen Mitbewerbern zu behaupten. In den eigenen demokratischen Reihen musste sich Obama gegen die einzige Frau, die Spitzenkandidatin Hillary Clinton, durchsetzen. Lediglich John Edwards wurden noch realistische Chancen neben den fünf weiteren demokratischen Kandidaten eingeräumt. Bei den Republikanern gingen John McCain und neun weitere Kandidaten ins Rennen. Wir alle kennen das Ergebnis: Obama wurde im Sommer 2008 auf dem Nominierungsparteitag der Demokratischen Partei (Democratic National Convention) in Boston offiziell zum Kandidaten bestimmt. Selbst Hillary gestand sich ihre Niederlage ein und plädierte auf dem Parteitag dafür, dass sich die Partei geschlossen hinter Obama stellen sollte. Denn „Barack Obama ist mein Kandidat, und er muss unser Präsident sein."[157] Während des Wahlkampfs wurden ihre unterschiedlichen Stile, gerade im Umgang mit den potenziellen Wählern sehr deutlich. Obama wirkte generell „mitreißender und sympathischer"[158] als Hillary Clinton. Im Gegensatz zu ihr, die sich zu ihren Wählern immer auf Distanz hielt, suchte er die Nähe zu seinen Anhängern. Er ließ sich mit seinen Fans fotografieren, gab Autogramme oder signierte seine Bücher, die ihm von Fans entgegengehalten wurden. Seine mitreißende und begeisternde Art wirkte zudem generationsübergreifend. Speziell junge Menschen, die sich sonst eher weniger für Politik interessiert hatten, unterstützten hochengagiert und motiviert seinen Wahlkampf.

Für viele Menschen war Obama ein Hoffnungsträger, ein Versöhner und Brückenbauer. Er stand im Gegensatz zum damaligen Präsidenten George W. Bush für einen neuen Politikstil, sowohl innen- als auch außenpolitisch, sowie für ein „weltoffenes und dialogbereites Amerika",[159] er stand für „alles andere – nur nicht Bush".[160] Er versprach einen Generationenwechsel und einen politischen Richtungswechsel („Change"), ja eine neue Ära, zu der jeder beitragen konnte: „Yes, we can!" Ausgehend von seiner „jugendlichen Frische und seinem unbezähmbaren Optimismus" erzeugte er eine Aufbruchstimmung, die ihm den Spitznamen „schwarzer Kennedy" einbrachte. Denn ebenso wie Präsident John F. Kennedy (JFK), war Obama ein Kandidat der Demokratischen Partei für das Weiße Haus. Ebenso wie JFK, der 1961 bereits mit 43 Jahren an die Macht kam, war Obama mit 47 Jahren ein verhältnismäßig junger Präsidentschaftskandidat. Ebenso wie JFK wollte auch Obama die Welt verändern. Denken wir nur an den von JFK während seiner Amtszeit angekündigten ersten bemannten Flug zum Mond (1969), den er allerdings aufgrund des Attentats, das an ihm verübt wurde, nicht mehr miterlebte. Ebenso wie JFK wurde Obama wie ein Popstar gefeiert. Ebenso wie Kennedy ließ er den Jungwählern eine enorme Aufmerksamkeit zukommen. Die Ähnlichkeiten zu JFK und die Unterschiede zu George W. Bush brannten sich in die Köpfe der Amerikaner jeglichen Alters und jeglicher Couleur ein. Darüber hinaus wurden die Unterschiede zum Status quo zudem durch Obamas brillante Inszenierungen und Wahlkampfmethoden zusätzlich angefeuert. Speziell sein Online-Wahlkampf war ein Beispiel dafür, wie intelligent Obama und sein Wahlteam (das übrigens aus einer Menge junger Leute bestand) die neuen Kommunikationsmethoden der Generation Y einsetzte. Durch den Einsatz der Massenmedien (www.mybarackobama.com, YouTube, Facebook usw.) katapultierte er seinen republikanischen Herausforderer John McCain in Hochgeschwindigkeit ins Aus. Obamas charismatische Wirkung wurde zudem durch die gezielte Auswahl traditionsschwangerer Redeorte befeuert. Vor historischen Kulissen, wie dem oben beschriebenen Kapitol in Springfield oder vor der Freiheitsglocke in Philadelphia[161], potenzierte er seine Wirkung abermals. Er wirkte dadurch zum einen als Erneuerer, zum anderen als der Präsidentschaftskandidat, der wertschätzend und mit großem Respekt auf die Leistungen anderer großer Präsidenten wie Lincoln, Roosevelt und Kennedy schaute. Damit reihte er sich in der öffentlichen Wahrnehmung ein in die Reihe bemerkenswerter Präsidenten, obwohl er selbst noch keiner war. Eine ebenso historische und symbolhafte Kulisse wählte er, als er noch vor seiner Präsidentschaft am 24. Juli 2008 Berlin besuchte und an der Siegessäule eine Rede vor ca. 200.000 Zuhörern hielt. Warum hatte er nicht das Brandenburger Tor gewählt, wo einst Kennedy sein Publikum im geteilten Berlin mit den Worten „Ich bin ein Berliner" begrüßte? Wollte er eine eigene Kulisse prägen? Sollte die Siegessäule zum Ausdruck bringen, dass er voller Hoffnung und Zuversicht ob seines zukünftigen Präsidentschaftssieges war?

Was ihn weiterhin von dem amtierenden Präsidenten George W. Bush sowie von den anderen Kandidaten unterschied, war seine Wirkungsstärke im Hinblick auf vier Wirkungsfaktoren, die untrennbar mit seinem Charisma verbunden sind:

1. seine brillante Rhetorik
2. seine fein abgestimmte Körpersprache
3. seine angenehme Stimme
4. seine äußere Gesamterscheinung

Gemeinsam bilden diese Untermerkmale den vierten Charisma-Faktor, die Wirkungsintelligenz ab.

Wie steht es um Ihre Wirkungsintelligenz als Führungskraft? Was sind die entscheidenden Faktoren für unsere persönliche Wirkung? Sind Sie sich Ihrer eigenen

Wirkung bewusst? Wie Sie bereits wissen, können wir nicht nicht kommunizieren. Genauso ist es auch mit unserer Wirkung. Wir können nicht nicht wirken, denn wir wirken immer und überall. Wir wirken durch unsere Körpersprache, unsere Mimik, Gestik, durch das gesprochene Wort sowie durch unsere gesamte äußere Erscheinung. Unsere Wirkung ist das, was andere wahrnehmen können, was für andere sichtbar ist. Schauen wir uns an, welche Wirkungsfaktoren untrennbar mit Obamas charismatischer Ausstrahlung gerade in dieser Wahlkampfphase verbunden waren und wie er sie intelligent eingesetzt hat.

1. Rhetorik – „Yes, you can!"

> *„In dir muss brennen, was du in anderen entzünden willst."*
> Augustinus von Hippo, numidischer Kirchenlehrer (354–430 n. Chr.)

Es ist der 8. Januar 2008 und rund 1500 Fans sind in der Turnhalle der Nashua High School South in New Hampshire versammelt, um eigentlich einen weiteren „Sieg ihres Helden zu feiern, des demokratischen Senators Barack Obama".[162] Seit der Ankündigung seiner Präsidentschaftskandidatur in Springfield ist fast ein Jahr vergangen.

Der Vorwahlkampf steckt zu dieser Zeit noch in den Kinderschuhen, was aber nicht bedeutete, dass ihm weniger Beachtung oder gar Bedeutung beigemessen wurde. Die Spitzenkandidatin der Demokraten, Hillary Clinton, hatte am 3. Januar 2008 in Iowa ihre erste schmerzliche Niederlage erlebt, als sie dem Sieger Barack Obama und selbst John Edwards unterlag. Entschlossen wie immer tritt Obama an das Rednerpult der Sporthalle. Er lächelt und freut sich über den herzlichen Empfang seiner treuen Anhänger. Er beklatscht sie, bedankt sich wiederholt bei ihnen und macht sie glauben, dass auch er sie liebt: *„Thank you, New Hampshire. I love you back. Thank you. Thank you. Well, thank you so much. I am still fired up and ready to go. (APPLAUSE) Thank you. Thank you."*[163]

Allerdings war zu diesem Zeitpunkt schon klar, dass Obama die Vorwahl in diesem Bundesstaat verloren hat. Doch von Resignation keine Spur. Vielmehr war sein Dank an die Wähler mit zwei Botschaften verbunden: dass er immer noch für das brannte, wofür er in Springfield angetreten war, und dass er bereit war, loszugehen. Mit diesem brillanten Redeeinstieg demonstrierte er den Zuhörern in der Turnhalle sowie den Zuschauern, die am Fernseher oder die Übertragung im Internet verfolgten, dass sein Blick trotz der Wahlniederlage nach vorn gerichtet sei und es sich lohne, weiter für ihn zu stimmen. Es schien, als hätten die anwesenden Zuhörer nur auf dieses Signal gewartet, um ihm mit großem zustimmenden Jubel zu antworten.

WIRKUNGSINTELLIGENZ: BARACK OBAMA

Es war Obama mit diesem starken Redeintro gelungen, seine Zuhörer zu packen, zu fesseln und gleichzeitig Nähe zu ihnen herzustellen. Ihre Begeisterung zeigte ihm, dass er weiter auf seine Anhängerschaft zählen konnte und damit der Weg für den Hauptteil der Rede eröffnet war. Er sprach von Wandel („Change"), von der Einheit der Amerikaner und seinen politischen Zielen. Dabei beließ er es nicht bei einer zähen und blutleeren Aufzählung sogenannter Bulletpoints. Vielmehr kleidete er seine klugen Argumente und Beispiele in eine brillante Rhetorik, die seine Rede zu einem einzigartigen und die Wähler anspornenden Erlebnis werden ließ.

Lassen Sie uns deshalb kurz durch die rhetorische Brille betrachten, welche wirksamen Stilmittel seine New Hampshire-Rede vom 8. Januar 2008 aufwies.

Grundsätzlich ist zu erkennen, dass seine Rede über die typische Dreiteilung verfügte:

1. einen sogenannten fesselnden Opener
2. einen Hauptteil
3. ein nachklingendes und seine Wähler begeisterndes Ende, das einen bleibenden Eindruck hinterließ

Seine Rede war in sich gut strukturiert und logisch aufgebaut, verständlich und ließ jederzeit den roten Faden erkennen (Logos). Mit einem solchen Aufbau wird dem Redner übrigens automatisch Kompetenz unterstellt. Des Weiteren ist an der Resonanz der Zuhörer zu erkennen, dass er sie durch seine Rede emotional bewegte, das heißt bei ihnen Gefühle hervorrief (Pathos). Ebenfalls war Obama in der Lage, durch seine Selbstpräsentation glaubwürdig zu wirken (Ethos). Mit den Redeelementen Logos, Pathos und Ethos finden wir uns in der Lehre des altgriechischen Philosophen und Rhetorikers Aristoteles wieder, der diese Elemente als die drei wichtigsten Überzeugungsmittel der Rhetorik, also der Kunst, durch Rede zu überzeugen, deklarierte.

Doch Obama bediente sich weiterer rhetorischer Stilelemente, um den „Aufmerksamkeitsfaden"[164] zu halten und seine Rede nicht langweilig, sondern mitreißend zu gestalten. Obama liebte Wortwiederholungen, sie gehörten quasi zu seinem „Markenzeichen"[165] und finden sich auch in jener Rede. Die Wirkung solcher Wortwiederholungen kann unterschiedlich sein, je nachdem, wo und wie sie in der Rede eingebaut werden. Wortwiederholungen oder Wiederholungen von Wortgruppen am Anfang aufeinanderfolgender Sätze oder Satzteile werden in der Rhetorik als *Anapher* bezeichnet. Hier ein Beispiel aus Obamas Rede:

„*There is something happening when men and woman (…).*"
„*There is something happening when Americans (…).*"
„*There's something happening when people (…).*"[166]

Ein solches Stilmittel dient dazu, der Aussage der eigenen Worte Eindringlichkeit zu verleihen und die Botschaft des Redners zu verdeutlichen. Gleichzeitig verläuft die Rede damit in einem gefälligen Rhythmus.

Üblicherweise benutzte Obama das Stilmittel der *Klimax* in seinen Reden, also die Steigerung der Ausdrücke hin zu immer größerer Bedeutsamkeit, etwa im Zusammenhang mit seinem Wahlslogan:

„Yes, we can heal this nation. (…) Yes, we can repair this world."

Die Steigerung unterstreicht die Wirkung der Botschaft des Redners, macht sie „aufregender und spannungsreicher" und erhöht gleichzeitig die „innere Bewegtheit"[167] des Publikums.

Charakteristisch für Obamas Reden ist die Verwendung von *Antithesen*, was sich an folgendem Satz aus seiner Rede demonstrieren lässt:

„We can stop talking about how great teachers are and start rewarding them for their greatness by giving them more pay and more support."[168]

Die Antithese hat die Wirkung, dass sie die ursprüngliche Aussage noch einmal hervorhebt.

Typisch für seine Reden war zudem die Verwendung sogenannter Wir-Formulierungen. Im nachfolgenden Beispiel kombiniert er diese mit dem Stilmittel *Anapher*:

„We will end this (…). We will bring (…). We will finish (…). We will care (…). We will restore (…)."[169]

Durch die Verwendung des „We" statt eines „I" erzeugte Obama bei seinen Zuhörern zum einen ein Bewusstsein für ihre Selbstwirksamkeit, also für die Fähigkeit, selbst etwas bewegen und bewirken zu können, wodurch er sie zu einem verantwortlichen Teil des Change-Prozesses machte. Zum anderen stellte er dadurch eine Verbindung zum Publikum her und suggerierte Einverständnis. Am Ende dieser Rede setzte er mit drei Wörtern einen kraftvollen Schlusspunkt. Mit diesen drei Wörtern seien sie in der Lage, gemeinsam das nächste große Kapitel der amerikanischen Geschichte zu beginnen. *„And, together, we will begin the next great chapter in the American story, with three words (…): Yes, we can!"*[170]

Zusammenfassend können wir festhalten, dass es sich bei Obama um einen Kandidaten handelte, der seine Wahlreden argumentativ klug und eingängig aufbaute. Er redete so, dass es für jedermann verständlich war, und sprach Herz und Verstand der Menschen an. Als Redner drückte er Leichtigkeit und Hoffnung aus. Seine Reden zeigten einen Menschen, der all seine Worte „persönlich, wertebewusst, (…) integrierend, traditionsorientiert und doch zukunftsgewandt" sowie einfühlsam und zielorientiert vortrug. Kein Wunder, dass Barack Obama als der größte Redner unserer Zeit gilt.[171]

WIRKUNGSINTELLIGENZ: BARACK OBAMA

Extrameile für Ihr Charisma: Storytelling

Ich möchte Ihnen eine Geschichte erzählen. Die Geschichte handelt von einem kleinen Jungen, der gemeinsam mit seinen Eltern in einer traumhaften Umgebung aufwuchs. Sonne, weiße Sandstrände und ein türkisfarbenes Meer gehörten zu seinem Alltag. Alles schien perfekt, bis zu dem Zeitpunkt, als sein Vater die kleine Familie verließ. Dem kleinen Jungen blieben zunächst lediglich der Name, den er mit seinem Vater teilte, sowie die positiven Erzählungen über seinen Daddy. Das sollte sich ändern, als sein Vater seinen Besuch ankündigte, allerdings nicht in erster Linie, um ihn, seinen Sohn, zu sehen, sondern um sich von den Folgen eines Autounfalls zu erholen. Dennoch, die Erwartungen des kleinen Jungen an ein Wiedersehen waren groß. Wie wird der Vater jetzt wohl aussehen? Was wird er sagen? Wird er sich freuen, mich zu sehen? Alles Fragen, die das Aufeinandertreffen mit seinem Vater beantworten sollte. Dieser blieb jedoch lediglich für einen Monat. Zum Abschied schenkte er seinem Sohn eine Vinyl-Schallplatte mit kenianischen Klängen. Klänge, die ihm halfen, einen Teil von sich zu verstehen. Wie könnte diese Geschichte weitergehen? Wird dieser Junge tatsächlich eines Tages Präsident der Vereinigten Staaten von Amerika?

Zu welcher Botschaft könnte diese kurze Geschichte passen? Was könnte sie verdeutlichen? Welche Wirkung haben Geschichten bzw. Erzählungen in Vorträgen und Reden?

Geschichten sind so alt wie die Menschheit. Ob Bildgeschichten, Fabeln, Märchen, Parabeln oder andere Erzählungen, sie alle haben den Zweck, eine Botschaft zu verdeutlichen, sie zu transportieren, sie in den Köpfen der Zuhörer zu verankern und Menschen zu berühren. Denn solche Narrative wecken Emotionen und im besten Fall kann sich das Publikum mit den Charakteren der Geschichte identifizieren. Auch die Werbebranche hat Narrative für sich entdeckt, um das Produkt mit einer Botschaft zu verknüpfen. Ein gelungenes Beispiel hierfür ist der Clip „Born the hard way" der amerikanischen Biermarke Budweiser.[172] Er erzählt, wie der Immigrant und deutsche Firmengründer Adolphus Busch einst schwere Hürden überwand, um seinen Traum, Bier in Amerika zu brauen, zu leben. Die Botschaft dieses Commercials: Budweiser ist nicht nur ein Bier. Budweiser repräsentiert den amerikanischen Traum von einem Land, in dem alles möglich ist.

Darüber hinaus wirken passende Erzählungen in Vorträgen und Reden in der Regel belebend, auflockernd und lassen den Redner häufig menschlicher, sympathischer und vielleicht sogar charismatischer erscheinen.

2. Körpersprache

Was sich hinter dem Begriff Körpersprache, also unserer non-verbalen Kommunikation versteckt, ist den meisten von uns bekannt. Lassen Sie uns an dieser Stelle dennoch die Chance ergreifen, uns ein paar nützliche Aspekte dieser manchmal unterschätzten Form der Kommunikation wieder ins Bewusstsein zu holen. Vor allem wollen wir uns anschauen, wie Barack Obama in seiner „Yes, we can!"-Rede vom 8. Januar 2008 seine Körpersprache eingesetzt hat, um seinen Botschaften den nötigen Nachdruck zu verleihen und insgesamt noch charismatischer zu wirken. Damit wir alle von derselben Ausgangsposition starten, erlauben Sie mir noch ein paar Vorbemerkungen. Wenn wir von Körpersprache sprechen, betrachten wir unsere Körperhaltung (z. B. aufrecht), unsere Kopfhaltung (z. B. geneigt), unsere Gestik (z. B. erhobener Zeigefinger), unsere Mimik (z. B. lächelnd), unseren Blick (z. B. fokussiert) und die damit verbundene Wirkung auf unser Gegenüber. Ebenfalls ist es wichtig zu wissen, dass Körpersprache in der Regel nie isoliert wahrgenommen wird, sondern – im Idealfall – als harmonische Einheit zusammen mit der Stimme und dem gesprochenen Wort. Die auf diese Weise zum Ausdruck kommende Kongruenz lässt den Redner als glaubwürdig erscheinen. Wenn wir diesen Aspekt auf eine Rede- oder Vortragssituation übertragen, stellt sich darüber hinaus die spannende Frage, in welchem Verhältnis diese drei Komponenten die Gesamtwirkung einer Rede beeinflussen. Ist zwischen Redetext, Körpersprache und Stimme des Redners vielleicht sogar eine Hierarchie erkennbar?

Häufig wird in diesem Zusammenhang die These vertreten, dass der Inhalt einer Rede nur einen verschwindend kleinen Teil, nämlich nur 7 Prozent der Gesamtwirkung ausmache, wohingegen der Körpersprache ein prozentualer Anteil von 55 Prozent und der Stimme ein Anteil von 38 Prozent zukämen. Können Sie sich das vorstellen? Danach würden die Körpersprache und die Stimme 93 Prozent der Wirkung ausmachen, der Inhalt aber wäre fast irrelevant. Die Vertreter dieser Behauptung berufen sich auf die eingängige Formel 7–38–55, die der Psychologe Albert Mehrabian Ende der 1960er-Jahre aus seinen Untersuchungen zum Thema Körpersprache abgeleitet hatte. Mittlerweile mehren sich allerdings Stimmen, die dieses Ergebnis anzweifeln, weil sie auf einer Fehlinterpretation der Wirkungsformel beruhe. Im Übrigen sei es irreführend, die Formel als allgemeingültig für jegliche Art von Reden, Vorträgen und Präsentationen zu betrachten. Es kam, wie es kommen musste: Der Verband der Redenschreiber deutscher Sprache (VRdS) und die Deutsche Public Relations Gesellschaft (DPRG) gaben im Jahr 2006 beim Institut für Demoskopie Allensbach (IfD) eine Grundlagenstudie in Auftrag.[173] Mit ihr sollte das Verhältnis von Sprache, Stimme und Körpersprache in der Gesamtwirkung von Reden untersucht werden. Das Ergebnis der Studie beschreibt, dass der Redetext (Sprache) einen Anteil von 22 Prozent, die Körpersprache einen Anteil von 59 Prozent und die Stimme einen Anteil von 19 Prozent „an der gesamten überzeugenden Wirkung einer Rede"[174] ausmache. Damit ergäbe sich die neue Formel 22–19–59, die mir vertretbarer erscheint. Des Weiteren erklärt die Studie, dass die Darbietung des Redners dann wenig ausschlaggebend sei, wenn der Redeinhalt überzeugend war.

Dass Barack Obama reden, ja sogar überzeugend reden konnte, haben wir bereits gesehen. Aber was wäre seine Rede in New Hampshire, ohne die einmalige Sprache seiner Physis? Lassen Sie uns deshalb betrachten, wie ausgefeilt die Körpersprache war, mit der Obama seine Worte in die Köpfe und vor allem in die Herzen seiner Anhänger transportierte.

Beginnen wir mit der Körperhaltung. Ihr kommt insoweit eine besondere Bedeutung zu, da sie zum einen für die Zuhörer unmittelbar sichtbar und wahrnehmbar ist. Zum anderen ist Körperhaltung ein deutlicher Spiegel unserer inneren Haltung. Obamas Körperhaltung an diesem 8. Januar suggerierte vor allem Leichtigkeit. Damit erhielten die Zuhörer gleich zu Anfang den Eindruck, dass das, was er zu sagen hatte, ebenfalls leicht und zugänglich sei. Seine aufrechte Körperhaltung, selbst nach der just erlittenen Wahlniederlage, ließ ihn stark, überzeugt und selbstbewusst wirken. Sie war aufrichtiger Ausdruck seines Statements *„I am (…) ready to go"*.[175]

Generell erhöht eine aufrechte Körperhaltung die Präsenz des Redners, sie hängt jedoch unter anderem von der Position unseres Brustkorbs ab. Er ist unser „Energiekasten – hier tanken unsere Lungen Sauerstoff".[176] Wir können ihn senken und anheben. Probieren Sie es einmal bewusst aus. Haben Sie dabei Ihre Muskulatur, Ihre Atmung oder sogar beides gleichzeitig aktiviert? Ein eingefallener Brustkorb wird häufig als Ausdruck von Schwäche interpretiert. Außerdem nehmen wir in dieser Haltung weniger Sauerstoff auf, wodurch unsere Atmung flacher wird. Ein eingezogener wie auch ein stark nach außen gewölbter Brustkorb schränken die freie Rotation unserer Wirbelsäule sowie unseres Energieflusses ein, während eine leicht aufgerichtete Brust – aber bitte keine aufgeblasene – uns dabei hilft, aufrechter zu stehen, tiefer einzuatmen und damit mehr Sauerstoff aufzunehmen. Gleichzeitig bringt sie unsere Schultern automatisch in eine Position, bei der unsere „Arme nicht passiv am Körper herunterhängen".[177]

Nun zum Stand: Barack Obamas gerader, aber dennoch entspannter Stand am Rednerpult zeigte keinerlei Anzeichen von Verkrampftheit oder innerer Anspannung. Seine Schultern hingen locker herab, er wirkte gelassen, aber nicht gleichgültig. Er wirkte lässig, aber nicht nachlässig. Es schien, als habe er einen festen Standpunkt, verfüge über Standfestigkeit und Durchsetzungsfähigkeit, auch im übertragenen

Sinne: Er stand mit beiden Beinen fest auf dem Boden. Dadurch wirkte er gerade, aufrecht, ehrlich.

Einen geraden Stand erreichen wir in der Regel dadurch, indem wir unser Körpergewicht gleichmäßig auf beide Beine verteilen und unsere Kniegelenke leicht beugen. Verlagern wir nämlich unser Gewicht auf nur ein Bein, knicken wir automatisch in der Hüfte ein und stehen nicht mehr aufrecht. Wir verlieren unseren festen „Standpunkt".

Probieren Sie es einfach einmal vor dem Spiegel aus. Erkennen Sie, wie sich Ihre Wirkung dadurch verändert? Wie fühlt es sich dagegen an, mit durchgedrückten Knien zu stehen? Eher starr und wenig geschmeidig, oder?

Einen Standpunkt zu haben, bedeutet nicht Stillstand. Vielmehr ist es möglich, durch Bewegung einen Standortwechsel zu erreichen. Obama selbst bewegte sich während seiner Rede zwar nicht von der Stelle – was dem Sprechen hinter einem Rednerpult geschuldet ist –, doch er bewegte seinen Kopf häufig abwechselnd zur rechten und zur linken Seite sowie hin und wieder schräg nach hinten. Er vollzog also mit seinen Augen viele Standortwechsel und versuchte, die gesamte Zuhörerschaft anzusprechen. Auch dadurch vermittelte er wieder den Eindruck, dass jeder Anwesende Teil seines Change-Prozesses und der Wertegemeinschaft sei. Sein integrierender Blickkontakt ließ damit seinen Slogan „Yes, we can!" glaubhaft erscheinen.

Generell wirkte seine Kopfhaltung lebendig und nicht starr. Nicht nur, dass er seinen Kopf wechselseitig horizontal ausrichtete, er bewegte ihn auch leicht nach oben und etwas stärker nach unten, je nach Intention seiner Aussage. Manchmal erschien diese vertikale Ausrichtung des Kopfes wie eine Art Nicken, wodurch der Eindruck suggeriert wurde, als würde er seine Aussage selbst noch einmal bekräftigen. Damit verlieh er seinen Worten noch mehr Nachdruck. Gleichzeitig wirkte dieses „Nicken" teilweise ansteckend auf seine Zuhörer.

Kommen wir zu den Händen. Was tun mit den Händen? – eine häufig gestellte Frage in meinen Seminaren. Die einfachste und schnellste Antwort lautet dann immer: Nutze sie! Wie hat Barack Obama seine Hände genutzt und zum „Sprechen" gebracht?

Zunächst einmal fuchtelte er weder wild oder unkontrolliert mit ihnen herum. Seine Hände positionierte er sparsam und niemals in der Nähe seines Gesichts. Vielmehr bewegte er sie in Höhe des Rednerpults, was ungefähr seiner Brusthöhe entsprach, um seine Mimik nicht zu verdecken. Ab und zu kam sein rechter Zeigefinger zum Einsatz, um seinen Worten mehr Nachdruck zu geben. Erinnern Sie sich noch an seinen Opener: *„I am still fired up and ready to go"*? Diesen Satz begleitete und unterstützte er durch eine Geste seiner rechten Hand, die einen lockeren und keinesfalls bedrohlich wirkenden rechten Zeigefinger zeigte. Bei dem Satz *„You know, a few* *weeks ago, no one imagined that (...)"* begleitete er die Wörter „*no one imagined*" mit einer Zeigegeste seiner linken Hand, indem er Daumen und Zeigefinger so aneinanderlegte, dass die Hand zu einer lockeren Faust geschlossen scheint.[178] Nach Einschätzung des Theater- und Medienwissenschaftlers Prof. Dr. Matthias Walstat ist diese Geste zugleich Ausdruck von Entschlossenheit und Präzision.[179] Generell erscheinen Obamas Gesten bezogen auf seine rechte und linke Körperhälfte ausgeglichen verteilt, was seine innere Balance zum Ausdruck bringt. Wichtig ist, dass sich der Einsatz unserer Hände adäquat zu dem verhält, was wir sagen wollen. Ebenfalls sollten wir uns angewöhnen, unsere jeweils aktiven Hände nicht sofort wieder in die Ausgangsposition fallen zu lassen. Stattdessen können wir sie nach jeder Aussage für zwei bis drei Sekunden in ihrer Position bewahren.[180] Ansonsten entstünde zu viel Unruhe zwischen einem ständigen Auf und Ab der Hände.

Lassen Sie uns zum Schluss Obamas Mimik, also seinen Gesichtsausdruck, während seiner Rede betrachten. Unsere Mimik wird weitestgehend durch die Bewegung unserer Augenbrauen, unserer Augen und unseres Munds bestimmt. Darin spiegelt sich häufig unser emotionaler Zustand wider. So kann beispielsweise ein Naserümpfen Ausdruck von Ekel sein, das Heben der Augenbrauen Erstaunen zum Ausdruck bringen und das Zusammenziehen der Augenbrauen fehlendes Einverständnis deutlich machen. Obamas Mienenspiel zeigte während seiner Rede innere Zustände wie Ernsthaftigkeit, Entschlossenheit, Zufriedenheit, Bestimmtheit, Entspannung, aber auch aufrichtige Freude, besonders in dem Moment, als seine Anhänger eine längere Redepause dazu nutzten, um ihm im Chor „We want change!" zuzurufen. Barack Obama wirkte dadurch zugleich lebendig, menschlich wie auch authentisch.

Abschließend ist es mir noch wichtig, darauf hinzuweisen, dass wir es vermeiden sollten, über körpersprachliche Signale Pauschalurteile zu fällen. So bringen verschränkte Arme nicht per se zum Ausdruck, dass sich der jeweilige Mensch im Widerstand befindet oder eine ablehnende Haltung hat. Vielmehr sollten wir stets die gesamte Situation betrachten. Manche Menschen verschränken zum Beispiel gerne die Arme, weil sie sich dann wohler fühlen, manchmal tun sie es auch nur aus einer unbedachten Angewohnheit heraus.

Extrameile für Ihr Charisma: Verbündeter vs. Verräter

Von Samy Molcho, einem bekannten Körpersprache-Experten, stammt die Aussage: „Die Zunge kann lügen, der Körper nie."[181] Er drückt damit aus, dass der Körpersprache eine hohe Glaubwürdigkeit innewohnt. Denn nur dann, wenn wir wirklich meinen, was wir sagen, wird unser Körper zu unserem Verbündeten und nicht zu unserem Verräter. Was wir wirklich meinen, bildet unsere innere Haltung ab, je nachdem, worum es geht. Wenn wir beispielsweise von einem Mitarbeiter nicht viel halten, werden wir diesen nie überzeugend loben oder seine Leistung ehrlich wertschätzen können, selbst wenn wir unsere Aussage in die schönsten Worte kleiden. Ebenso wenig werden wir in der Lage sein, unsere Idee wirklich überzeugend und glaubhaft vorzutragen, wenn wir nicht selbst an sie glauben. Was uns im Inneren bewegt, ist häufig äußerlich sichtbar. Somit beeinflusst unsere innere Haltung auch unsere äußere. Funktioniert das auch umgekehrt? Kann unser Körper bzw. unsere Körperhaltung unser inneres Befinden beeinflussen? Seit Vera Birkenbihl[182] ist uns bekannt, dass 60 Sekunden Lächeln in der Lage sind, unseren inneren Gemütszustand positiv zu beeinflussen. Das Fachgebiet, welches sich mit den Auswirkungen des Lachens auf die physische und psychische Gesundheit beschäftigt, ist die Gelotologie. Die US-amerikanische Sozialpsychologin Dr. Amy Cuddy geht sogar noch ein Stückchen weiter als Birkenbihl. Sie ist der Ansicht, dass wir auch durch sogenannte Power Posings unser Inneres beeinflussen können. Power Posings sind Machtposen (z. B. breitbeiniges Stehen), die dazu führen sollen, dass wir uns mächtiger fühlen.[183]

Probieren Sie doch einmal aus, wie es sich anfühlt, wenn Sie sich zum Beispiel etwas breitbeiniger hinstellen und die Hände in die Hüfte stemmen. Ich übernehme aber keine Garantie! Zu Nebenwirkungen fragen Sie ...

3. Stimme

Kennen Sie jemanden, der eine tolle Sprechstimme hat? Wenn ja: Was finden Sie so besonders an dieser Stimme? Oder sind Sie vielleicht ein Fan von Hörbüchern und suchen sich diese danach aus, ob sie von guten Sprecherinnen oder Sprechern gelesen werden? Warum hören wir überhaupt manchen Menschen gerne zu? Liegt es vielleicht am Klang ihrer Stimme, an ihrer plastischen Aussprache, ihrem Sprechtempo, ihrer präzisen Wortwahl, an der ausgezeichneten Betonung oder einfach an ihrer Eloquenz?

Wie Sie merken, kann die Wirkung, die eine Stimme auf uns hat, von mehreren Faktoren abhängen. Deshalb steht die Überschrift dieses Kapitels auch stellvertretend für all diese Facetten. Aber lassen Sie uns zunächst kurz betrachten, was in unserem Körper abläuft, damit wir überhaupt Laute produzieren können.

Am Phänomen Stimme sind zum einen unsere Atmung, unsere Stimmlippen und die sogenannten Resonanzräume des Vokaltrakts beteiligt. Zum Vokaltrakt zählen unser Mund-, Nasen- und Rachenraum. Vereinfacht gesagt wird die Luft aus unseren Lungen in den Kehlkopf gepresst. In ihm befinden sich zwei Stimmlippen, die durch die ausgeatmete Luft zum Schwingen gebracht werden. Durch diesen Vorgang entsteht der für das menschliche Ohr kaum hörbare Primärton. Hörbar wird dieser Ton erst dann, wenn er durch die angrenzenden Resonanzräume des Vokaltrakts verstärkt wird. Soweit zur Stimme.

Beim Sprechen sind weiterhin unsere Artikulatoren, nämlich Kiefer, Zunge und Lippen beteiligt. Sie verändern die einströmende Luft, so dass unterschiedliche Laute entstehen können. Probieren Sie es kurz selbst aus. Wie formt sich beispielsweise Ihr Mund, wenn Sie ein „B" sprechen? Wie formt er sich, wenn Sie ein „U" aussprechen wollen? Oder artikulieren Sie doch einmal bewusst und langsam mit Ihren Lippen das Wort „Igittigit". Wie gut, dass wir nicht jedes Mal über dieses Geschehen nachdenken müssen, sondern alles automatisch passiert ...

Nach dieser kurzen, aber nicht unwichtigen Exkursion in die Stimm- und Sprachphysiologie möchte ich noch ein paar allgemeine Aspekte zum Wirkungsphänomen Stimme und zur Wirkung unserer Sprechweise betrachten. Zunächst einmal ist unsere akustische Visitenkarte wie ein Fingerabdruck, nämlich einzigartig. Sie sagt mehr über uns aus, als man zunächst vermuten würde. Unserer Stimme sind nämlich grundlegende biologische Informationen, wie zum Beispiel Geschlecht und Alter zu entnehmen. Häufig kann sie auch bestimmte Persönlichkeitseigenschaften transportieren. So klingt ein extrovertierter Mensch im Normalfall anders als ein introvertierter und ein selbstbewusster anders als ein unsicherer Mensch. Je nach individueller Stimmtonlage kann es uns auch passieren, dass wir eher auf taube Ohren stoßen. Das ist häufig der Fall, wenn die Stimme für andere Menschen unattraktiv klingt. Und natürlich entscheidet auch die Lautstärke unserer Stimme darüber, ob wir überhaupt wahrgenommen werden. Manche Stimmen können ihre Zuhörer verzaubern, verführen, aber auch langweilen oder gar verschrecken. Eine Stimme kann uns in die Irre führen. So habe ich zum Beispiel bis heute den Moment nicht vergessen, als ich persönlich eine Kundin traf, die ich in den frühen Jahren meiner Tätigkeit lediglich telefonisch beraten hatte. Ihre für mich wohlklingende Stimme hatte mich dazu verleitet, mir von ihr ein Bild zu machen, das ganz anders als die reale Person war. Ich musste mich bei unserem Zusammentreffen sehr zusammenreißen, um meine Enttäuschung und mein Erstaunen nicht allzu offenkundig zu zeigen. Hier machte der Ton also vermeintlich die Person. Unsere Stimme kann auch verraten, wie wir selbst gestimmt sind. Stellen Sie sich dazu kurz eine Telefonsituation vor. Obwohl wir unseren Gesprächspartner nur auditiv wahrnehmen, sind wir häufig in der Lage, lediglich anhand seiner Stimme zu erkennen, in welchem Gemütszustand er sich gerade befindet. So hört sich die Stimme einer Person, die sich gerade über etwas freut, anders an, als wenn sie sich über etwas ärgert. Auch ein Lächeln ist übrigens hörbar. Damit wird unsere Stimme dann auch ganz schnell zum Spiegel unserer

Seele – einem sehr ehrlichen Spiegel, denn im Vergleich zu unserer Körpersprache und Mimik fällt es uns schwerer, unsere Stimme wirklich zu kontrollieren.

Damit der Atem frei fließen kann, benötigt unsere Stimme idealerweise eine offene, entspannte und aufrechte Körperhaltung. Überzeugen Sie sich mit der folgenden kurzen, aber dennoch wirkungsvollen Übung am besten selbst davon. Ich habe sie durch einen Vortrag der Stimm- und Sprechtrainerin Monika Hein kennengelernt und benutze sie auch gerne in meinen Seminaren.

> **ÜBUNG**
>
> Falls Sie gerade auf einem Stuhl sitzen, beugen Sie Ihren Oberkörper nach vorne und lassen dabei Ihre Arme rechts und links von Ihren Beinen nach unten hängen. Der Kopf hängt ebenfalls locker nach unten. Wenn Sie diese Körperhaltung eingenommen haben, sprechen Sie bitte den folgenden Satz: „Meine Stimme klingt kraftvoll und begeisternd."

Und, waren Sie von dem überzeugt, was Sie gesagt haben? Klingen Sie mit dieser Aussage vielleicht authentischer, wenn Sie sie aufrecht sitzend sprechen? Sicherlich. Denn bei aufrechter Körperhaltung kann unser Atem freier fließen und wirkt dadurch viel kraftvoller.

Wie können wir bei Reden und Vorträgen mit unserer Stimme und Sprechweise punkten? Grundsätzlich haben wir verschiedene Möglichkeiten, unser „System Stimme" zu formen und es damit anders klingen zu lassen.[184] Das ist kein Geheimnis. Dennoch: Haben Sie es schon einmal bewusst versucht? Kennen Sie das Potenzial Ihres stimmlichen Systems? Hatten Sie vielleicht sogar schon einmal ein eigenes Stimmtraining?

Wie wir gerade gesehen haben, sind unsere Körperhaltung und unser Atem zwei entscheidende Faktoren, die neben unserem Stimmklang auch die Wirkung unserer Stimme beeinflussen. Zudem haben wir die Möglichkeit, durch eine bewusste Sprechweise die Wirkung unserer Stimme zu verändern und damit auch unsere stimmliche Ausdrucks- und Überzeugungskraft zu beeinflussen. Das können wir dadurch erreichen, indem wir Wörter oder ganze Wortgruppen besonders betonen, auf eine wohlklingende Aussprache achten sowie unser Sprechtempo und unsere Sprechmelodie variieren. In Anbetracht all dieser unterschiedlichen Wirkungsfaktoren lassen Sie uns nun anschauen, wie Barack Obama seine Rede vom 8. Januar 2008 in New Hampshire stimmlich so wirkungsvoll und überzeugend präsentiert hat. Wenn Sie mögen, können Sie sich diese Rede auch auf YouTube[185] ansehen und natürlich auch anhören, so hätten Sie gleich einen direkten Eindruck davon.

WIRKUNGSINTELLIGENZ: BARACK OBAMA

Beginnen wir mit dem Wirkungsfaktor Körper. Damit dieser unserem stimmlichen Wirkungspotenzial nicht im Wege steht, ist es ratsam, ihn in eine aufrechte Position zu bringen. Wie das funktioniert, haben Sie beim zweiten Charisma-Merkmal „Körpersprache" bereits erfahren. Auch Barack Obama hatte bei seiner Rede eine solche aufrechte und gleichzeitig entspannte Körperhaltung. Bei ihm war weder Unterspannung noch Anspannung spürbar. Überlegen Sie an dieser Stelle einmal selbst, welche Wirkung ein angespannter Mensch auf Sie hat, im Vergleich zu jemanden, der Ihnen entspannt begegnet. Welche Spannungsform wirkt anziehender auf Sie? Und welche schafft eher Distanz?

Kommen wir zur Atmung. Unsere Atmung kann unsere Sprechstimme positiv, aber auch negativ beeinflussen. Der Atmungstyp, der sich positiv auswirkt und eine professionelle Sprechstimme hervorbringt, nennt sich Ring- oder auch Tiefatmung. Sie findet in unserem körperlichen Zentrum statt, genauer gesagt in unserem Bauch, unseren Flanken und unserem unteren Rücken. Hier „wohnen" unsere Gelassenheit und unsere Souveränität.[186] Unter weniger geschulten Rednern ist dagegen häufig der andere Typ, die sogenannte Hochatmung, verbreitet. Hierbei geht die Atembewegung nicht in die Körpermitte, sondern nach oben in den Brustkorb. Gerade bei längerem Sprechen ist die so erzeugte Stimme nicht dauerhaft belastbar und kann darüber hinaus flach und wenig kraftvoll wirken. Unsere Tiefatmung können wir uns dadurch bewusst machen, indem wir unsere Hand auf unsere Bauchdecke legen und diese durch unser Atmen zum Heben und zum Senken bringen. Falls Sie bereits Erfahrungen mit Meditation haben, kennen Sie diese Übung sicherlich sehr gut. Wenn nicht, können Sie Ihre Tiefatmung in nächster Zeit immer wieder trainieren, indem Sie bewusst in den Bauchraum atmen. Sollten wir vor wichtigen Redesituationen nervös werden, empfiehlt Stimmtrainerin Monika Hein, mit einem „F" langsam auszuatmen und dabei gedanklich bis 10 zu zählen.[187] Dabei sollten wir darauf achten, aufgerichtet zu bleiben, dass unsere Knie gelockert sind und sich unser Becken in einer neutralen Position befindet.

Auch bei Barack Obama können wir beobachten, dass sein Atem floss. Seine Stimme klang weder schrill, flach oder gepresst, noch leise oder kraftlos. Vielmehr wirkte sie stimmig zur Körpersprache, nämlich entspannt und selbstbewusst.

Nun zum Stimmklang. Der Stimmklang ist so einzigartig wie der Mensch, zu dem er gehört. Wie wirkt Obamas Stimme auf Sie? Auf mich wirkt sie angenehm und wohltönend. Können wir eigentlich wählen, wie unsere Stimme klingen soll? Gibt es vielleicht sogar eine perfekte Stimmlage gerade für Vortragsredner? Die Antwort hierauf lautet: Ja. Und zwar dann, wenn sich unsere Stimme in der sogenannten Indifferenzlage befindet. In ihr ist unsere Stimme belastbarer. Mit ihr klingen wir kompetenter. Mit ihr klingen wir überzeugender. Mit ihr klingen wir entspannter. Wie finden wir diese perfekte Stimmlage?

Auch hierzu haben professionelle Stimmtrainer wieder einige schöne Übungen parat, zum Beispiel das monotone Zählen. Sobald wir diese Stimmlage gefunden haben, können wir von ihr ausgehend tiefer oder höher sprechen, je nach Intention unseres Anliegens.

Auch Barack Obama sprach in seiner Rede immer wieder mal mit einer erhöhten Stimmlage, um seiner Botschaft mehr Ausdruck zu verleihen, um engagierter zu wirken oder um das Publikum zu entzünden.

Kommen wir nun zur Sprechmelodie. Auch hier zeigt sich Obama als Meister. Mit der variablen Umsetzung dieses stimmlichen Wirkungsfaktors gelang es ihm, seine Zuhörer immer wieder zu fesseln und nicht zu langweilen. Unsere Sprechmelodie oder auch Satzmelodie wird durch das Auf und Ab unserer Stimme um unsere Indifferenzlage herum bestimmt. Wissen Sie spontan, wann Sie Ihre Sprechstimme im Satz anheben und wann Sie sie absenken? Vielen Menschen ist es im Grunde bekannt, dass die Stimme am Ende eines Satzes nach unten geht. Dennoch sprechen Sie einfach weiter und schenken damit dem Punkt, der am Ende eines Satzes steht, keine wirkliche Beachtung. Dieses Satzzeichen dient jedoch auch dazu, sich selbst eine kleine Atempause zu gönnen und dem Zuhörer die Möglichkeit zu geben, das Gesagte sacken zu lassen. Obama war vorbildlich darin. Den Einsatz von Pausen, ob kurz oder lang, beherrschte er auf eine brillante Art und Weise. Zur besonderen Wirkungsweise von Pausen kommen wir später noch in einer Extrameile.

Auch sein ausbalanciertes Sprechtempo nutzte er wirkungsvoll in seiner Rede. Je nach Intention sprach Obama mal schneller und mal langsamer zu seinen Zuhörern. Auch dabei nutzte er seine gezielt eingesetzten Pausen, um das Gesagte zu betonen.

Durch die Akzentuierung von Wörtern, Wortgruppen oder ganzen Sätzen wiederum können wir wirkungsvoller sprechen und unseren Sätzen einen bestimmten Sinn geben. Hier zwei schöne Beispiele[188], die aufzeigen, wie entscheidend Betonung sein und was die jeweilige Platzierung einer Sprachpause bewirken kann.

- Beispiel 1: „Tötet ihn nicht verschonen!"
  Dieser Satz hing wohl im 18. Jahrhundert an einer Gefängnistür. Und sind Sie schon hinter die zwei unterschiedlichen Bedeutungen gekommen? Hier die Auflösung.
  Variante 1: „Tötet ihn [Pause] nicht verschonen!"
  Variante 2: „Tötet ihn nicht [Pause] verschonen!"
- Beispiel 2: „Du sollst den Polizisten umfahren!"
  Betonung 1: „Du sollst den Polizisten umFAHREN."
  Betonung 2: „Du sollst den Polizisten UMfahren."

WIRKUNGSINTELLIGENZ: BARACK OBAMA

Barack Obama hat speziell durch den Wechsel der Lautstärke und den gezielten Einsatz von Pausen bestimmte Aussagen in seiner Rede betont.

Bleibt noch die Aussprache. Auch hieran lässt sich ganz hervorragend mithilfe eines Stimmtrainers arbeiten. Dabei geht es um Vokale und Konsonanten, aber auch darum, wie wir unseren Kiefer, unsere Lippen und unsere Zunge lockern können, um die bestmögliche Aussprache zu erreichen.

Extrameile für Ihr Charisma: Pausen

Wie geht es Ihnen, wenn jemand vor Ihnen steht oder mit Ihnen in einem Meeting sitzt und ohne Punkt und Komma über ein Thema, einen Vorfall oder eine Idee spricht? Wie geht es Ihnen, wenn Sie einen Vortrag besuchen, bei dem der Redner wie ein Wasserfall referiert? Wie geht es Ihnen, wenn Sie zu einer Präsentation eingeladen werden, bei der die Rednerin ohne abzusetzen und gefühlt ohne Luft zu holen redet?

Wahrscheinlich fühlen Sie sich selbst ein wenig atemlos, gehetzt, erschöpft oder im wahrsten Sinne des Wortes fast totgequatscht. Was wäre, wenn die jeweiligen Sprecher nicht durch ihren Vortrag hetzen, sondern Ihnen einen Moment der Stille gönnen würden? Einen Moment, den Sie dazu nutzen könnten, um über das Gehörte nachzudenken, um es mit Ihrem bereits vorhandenen Wissen abzugleichen oder um es verdauen zu können?

Genau hierin liegt die Chance, die wir alle als Redner haben. Wir können durch akzentuierte Pausen unseren Vortrag so darbieten, dass die Inhalte unsere Zuhörer nicht überrollen. Wir haben die Chance, ihn durch Pausen zu entschleunigen, um Resonanz mit unseren Zuhörern zu ermöglichen. Die Chance, wichtige Botschaften nachklingen zu lassen. Die Chance, uns aufs Wesentliche zu konzentrieren. Und die Chance, bei unserem Publikum in guter Erinnerung zu bleiben, weil sie nicht übersättigt und erschöpft nach Hause gehen.

Gezielte und bewusste Momente des Schweigens haben darüber hinaus die Kraft, Spannung aufseiten der Zuhörerschaft aufbauen zu können. Des Weiteren haben wir so die Möglichkeit, unser Publikum im positiven Sinne zu lenken. Denn in dem Moment, in dem wir von diesem rhetorischen Instrument Gebrauch machen, verdichtet sich in der Regel die Aufmerksamkeit der Zuschauer, ihre Konzentration auf uns nimmt zu. Dabei ist es wichtig, dass wir dieser Verdichtung durch einen konstanten Blickkontakt zu unserem Publikum selbstbewusst standhalten.

In meinen Seminaren oder Coachings werde ich häufig nach der optimalen Länge solcher Sprechpausen gefragt. Von den sogenannten Mikropausen am Ende eines

Satzes (nach ihrem gedanklichen Punkt) abgesehen, hängt es ganz davon ab, was Sie sich persönlich zutrauen. Wenn Sie es schaffen, können Sie die Länge eines tiefen Atemzugs als Maßstab nehmen und im Stillen langsam von 1 bis 10 zählen. Wichtig ist, dass Sie dabei den Kontakt zu Ihren Zuhörern nicht verlieren! Barack Obama hat beispielsweise in seiner New Hampshire-Rede an ausgewählten Stellen bis zu 10 Sekunden und mehr geschwiegen. Das schaffen wir auch, wenn wir ein bisschen üben: Yes, we can!

4. Äußere Erscheinung

Unsere Wirkung auf andere Menschen wird neben Sprache, Körpersprache und Stimme auch von unserem äußeren Erscheinungsbild geprägt. Wie in der Kommunikation generell so gilt auch hier, dass wir nicht nicht wirken können. Denn auch Kleidungsstil und Kleidungsfarben senden auf non-verbaler Ebene Botschaften.

Für viele Menschen sind wir eins mit dem, was wir tragen. Nach dem Motto: Sie/Er ist, was sie/er trägt. Diese Bewertung erfolgt im Rahmen des berühmten ersten Eindrucks, für den es bekanntlich keine zweite Chance gibt. Im Bruchteil einer Sekunde werden uns ausschließlich auf Basis unserer äußeren Erscheinung Eigenschaften, ja sogar Kompetenzen zugeschrieben. Es öffnen sich für uns Türen oder auch nicht. Wie können wir diese Wirkungsmacht der äußeren Erscheinung für uns nutzen? Wie und wodurch können wir unsere Strahlkraft erhöhen? Wie hat Barack Obama seine äußere Erscheinung im Wahlkampf geprägt, um gerade im Hinblick auf seine Kontrahenten noch überzeugender und noch charismatischer zu wirken?

Im Grunde ist es ganz einfach: Er hat seine Outfits so ausgewählt, dass sie seinem Image entsprachen. Auf diese Weise konnte er seine Inhalte und seine Botschaften auch durch seinen Look überzeugend und glaubhaft transportieren. Dabei sollte nicht der Anschein erweckt werden, dass ihm diese Inszenierung Mühe bereitete oder ihn gar überforderte. Vielmehr sollte alles aus einem Guss wirken: seine Person, sein Stil, sein Auftreten und seine Performance. Lassen Sie uns kurz schauen, wie ihm dies im Rahmen seines Wahlkampfes gelungen ist.

Bei seinen Wahlkampfauftritten wirkte Barack Obama je nach Situation und Anlass perfekt gekleidet. Trug er ein klassisches Business Outfit bestehend aus einem schwarzen Anzug, einem schneeweißen, faltenfreien Hemd, einer Krawatte und schwarzen Lederschuhen, strahlte er Kompetenz, Professionalität, Entschlossenheit und Durchsetzungsstärke aus. Diese Wirkung wurde durch den Hell-Dunkel-Kontrast seiner Kleidung noch verstärkt. Dieser wirkte nicht verwaschen oder fahrig, sondern suggerierte Frische, Struktur und Klarheit. Den einzigen Farbtupfer bildete meist eine unifarbene Krawatte in Rot oder Blau. Für außerordentliche Anlässe, wie zum Beispiel zu seiner Vereidigung zum 44. Präsidenten der Vereinigten Staaten am 20. Januar 2009, schien er Rot als Krawattenfarbe zu favorisieren. Rot als Farbe des Lebens, der Kraft und der Stärke. Bei seiner New Hampshire-Rede trug er dagegen eine Krawatte in einem dezenten Silbergrau. Sein relativ junges Alter, seine sportliche Figur und sein lockerer Umgangsstil standen stark im Kontrast zu seinen älteren Kontrahenten. Diese wirkten im Vergleich zu ihm konservativ, verkrampft, altmodisch und statisch. Sie transportierten das Althergebrachte, aber keine Aufbruchstimmung und keinen Wandel. Barack Obama dagegen strahlte Jugendlichkeit, Lässigkeit, Vitalität, Frische und Dynamik aus.

Wo es angebracht war, unterstrich er seine Lässigkeit dadurch, dass er in einem legeren Business Outfit erschien. Dabei verzichtete er auf die Krawatte, trug eine dunkle Hose, ein Hemd, bei dem der oberste Knopf geöffnet war, und ein klassisches Jackett (Smart Casual). Auch in diesem Outfit gelang es ihm, eine Balance zwischen Eleganz und Lässigkeit herzustellen. Um freundschaftlich, nahbar und zwanglos zu wirken, konnte es durchaus passieren, dass er während seiner Rede ganz nonchalant sein Jackett auszog, die Manschetten seines weißen Hemds öffnete und noch während er sprach, beide Ärmel nach und nach, ohne den Blick von den Zuschauern abzuwenden, gekonnt bis zu seinen Ellenbogen hochkrempelte. So geschehen während seiner Berlin-Rede vom 19. Juni 2013. Lesen Sie selbst, wie brillant und charmant er diese Aktion mit folgenden Worten einleitete:

„Bürgermeister Wowereit, sehr verehrte Gäste und vor allem liebe Berlinerinnen und Berliner und Bürger Deutschlands – vielen Dank für diese außergewöhnlich warmherzige Begrüßung. In der Tat ist es so warm und ich fühle mich so wohl, dass ich mein Jackett ausziehen werde und jeder, der dies auch tun möchte, ist herzlich dazu eingeladen. Unter Freunden darf man ruhig etwas zwangloser sein."[189]

Falls Sie es lieber *im Original* auf Englisch lesen:

„Mayor Wowereit, distinguished guests, and especially the people of Berlin and of Germany - thank you for this extraordinarily warm welcome. In fact, it's so warm and I feel so good that I'm actually going to take off my jacket, and anybody else who wants to, feels free to. (Applause.) We can be a little more informal among friends."[190]

Barack Obama gilt auch heute noch als eine Persönlichkeit, die sich je nach Anlass stilsicher kleidet und selbst im Business Outfit eine ungeheure Lässigkeit ausstrahlt.

Wie steht es aber nun um uns? Wodurch können wir im Business unsere Strahlkraft erhöhen, um noch charismatischer zu wirken? Auf jeden Fall nicht dadurch, dass wir zum Beispiel auf unsere Kolleginnen oder Kollegen schauen und deren Stil einfach kopieren. Denn schon Karl Lagerfeld wusste, dass Persönlichkeit erst dort entsteht, wo der Vergleich aufhört. Auch das Hinterherlaufen jeweils aktueller Mode-

ÄUSSERE ERSCHEINUNG

trends, mögen wir sie auch als noch so schön empfinden, kann nicht immer die Lösung sein. Denn um mit den Worten Coco Chanels zu sprechen:

> „Wer jede Mode mitmacht, ist vom eigenen Stil weit entfernt."
> Coco Chanel

Woran könnten wir uns also orientieren? Meiner Erfahrung nach helfen diese vier Fragen:

1. Was passt zu mir (Figur)?
2. Was ist der Anlass?
3. Wie will ich wirken (Botschaft)?
4. Worin fühle ich mich wohl?

Versuchen Sie, diese Fragen eigenständig zu beantworten oder ziehen Sie eine gute Freundin oder einen guten Freund zurate. Überdies könnten Sie sich auch in die Hände einer professionellen und guten Stil- und Farbberatung begeben. Letzteres bringt Sie in Sachen Stilsicherheit, Selbstbewusstsein und persönlicher Ausstrahlung mit Sicherheit ein ganzes Stück nach vorne.

CHARISMA-FAKTOR 5: AUTHENTIZITÄT

ELISABETH SELBERT

„Männer und Frauen sind gleichberechtigt."
Elisabeth Selbert (1896–1986)

© AddF, Kassel, NL-P-11; A-F1/00295

In der Aula der Pädagogischen Akademie Bonn, direkt am Rhein gelegen, wurde am 23. Mai 1949 das Grundgesetz der Bundesrepublik Deutschland unterzeichnet. Der Saal war festlich geschmückt. Anspannung lag in der Luft. Der Organist ließ Musik von Georg Friedrich Händel erklingen. Gegen 16 Uhr eröffnete Ratspräsident Konrad Adenauer die Feierlichkeit mit einer kurzen Ansprache und setzte als Erster der 65 Mitglieder des Parlamentarischen Rates seinen Namen unter das historische Dokument. Die anwesenden Abgeordneten, Ministerpräsidenten, Landtagspräsidenten, Vertreter der Westalliierten, Pressevertreter der ganzen Welt und Gäste folgten der Zeremonie aufmerksam. Dann wurde auch ihr Name aufgerufen. Schritt für Schritt bewegte auch sie sich zu dem Tisch, auf dem sich das Tintenfass des Kölner Ratssilber, Soennecken Füllfederhalter und auch das zur Unterzeichnung bereite Grundgesetz befand. Sie ließ sich auf dem von den Vorgängern gewärmten Stuhl nieder und fügte nun auch ihre Unterschrift der langen Namensreihe zu. Damit trug das Dokument, das Ursprung und Basis der deutschen Demokratie ist – das Grundgesetz – nunmehr auch ihren Namen: Dr. Elisabeth Selbert.

Wer ist Elisabeth Selbert? Diese Frage wird mir häufig gestellt. Im Vergleich zu den anderen charismatischen Persönlichkeiten dieses Buches ist Elisabeth Selbert den meisten Menschen nicht auf Anhieb bekannt. Also, wer ist sie nun? Dr. Elisabeth Selbert, geboren am 22. September 1896 in Kassel, war eine engagierte und couragierte Politikerin und Juristin, der „(…) die Bundesrepublik Deutschland und vor allem die Frauen Beträchtliches"[191] zu verdanken haben. Dank ihrer Beharrlichkeit und Hartnäckigkeit hat es ein schlichter, kurzer, aber in der Aussage eindeutiger Satz geschafft, im Jahre 1949 ins Grundgesetz zu kommen. Er lautet nicht: „Männer und Frauen sind vor dem Gesetz gleich." Er lautet auch nicht: „Das Gesetz muss Gleiches gleich, es kann Verschiedenes nach seiner Eigenart behandeln." Er lautet auch nicht, wie ursprünglich durch den Ausschuss für Grundsatzfragen vorgesehen: „Männer und Frauen haben die gleichen staatsbürgerlichen Rechte und Pflichten." Er lautet: „Männer und Frauen sind gleichberechtigt."[192]

Denn nach Überzeugung von Elisabeth Selbert war ausschließlich diese Formulierung in der Lage, die rechtliche Gleichstellung zwischen Männern und Frauen auf allen Gebieten zu fordern und den Gesetzgeber zum Handeln zu zwingen. Ein Blick auf die familienrechtliche Situation der Frauen in der Nachkriegszeit soll die außer-

AUTHENTIZITÄT: ELISABETH SELBERT

ordentliche Bedeutung dieses Gleichheitssatzes verdeutlichen. Von Gesetzes wegen kam den Frauen damals eine untergeordnete Stellung im Vergleich zu den Männern zu. Ursächlich dafür waren die Regelungen des Bürgerlichen Gesetzbuches (BGB), welches am 1. Januar 1900 in Kraft trat. Es stammte also noch aus der Zeit des Deutschen Kaiserreichs, bestimmte aber nach wie vor die Rechtslage. Nach ihr galt ausschließlich der Mann als das Familienoberhaupt. Als Patriarch war er legitimiert, über seine Frau und seine Kinder zu herrschen. Nach § 1354 BGB – dem sogenannten „Gehorsamsparagraphen"[193] – besaß er in allen familiären Angelegenheiten das alleinige Entscheidungsrecht. Er lautete wie folgt:

„Dem Manne steht die Entscheidung in allen das gemeinschaftliche eheliche Leben betreffenden Angelegenheiten zu, er bestimmt insbesondere Wohnort und Wohnung."
(§ 1354 BGB a. F.)

Mit der Eheschließung avancierte sein Nachname zwingend zum Familiennamen und er wurde zum Verwalter und Nutznießer des in die Ehe eingebrachten Vermögens seiner Ehefrau. So lautete die frühere, die Ehefrau sozusagen entmündigende Regelung zum ehelichen Güterrecht in § 1363 BGB a. F.: *„Das Vermögen der Frau wird durch Eheschließung der Verwaltung und Nutznießung des Mannes unterworfen (eingebrachtes Gut). Zum eingebrachten Gute gehört auch das Vermögen, das die Frau während der Ehe erwirbt."*

Der heutige § 1363 Abs. 2 Satz 1 BGB lautet dagegen: *„Das jeweilige Vermögen der Ehegatten wird nicht deren gemeinschaftliches Vermögen; dies gilt auch für Vermögen, das ein Ehegatte nach der Eheschließung erwirbt."*

Da die Ehefrau mit der Heirat per Gesetz verpflichtet war, das gemeinschaftliche Hauswesen zu leiten, wurde dem Ehemann gleichzeitig das Recht eingeräumt, einen durch die Ehefrau geschlossenen Arbeitsvertrag zu kündigen (§ 1358 BGB a. F.). Im sogenannten häuslichen Wirkungskreis durfte sie Entscheidungen nur im „Namen des Mannes treffen".[194] Die elterliche Gewalt – die elterliche Sorge war dem BGB vom 1. Januar 1900 noch unbekannt – hatten zwar beide Elternteile inne, aber nicht gleichberechtigt, denn bei Meinungsverschiedenheit der Eltern wurde dem Vater gemäß § 1634 BGB a. F. das letzte Wort eingeräumt. Im Übrigen war er allein vertretungsberechtigt sowie Verwalter und Nutznießer des Vermögens des Kindes.[195] Für Elisabeth Selbert war diese rechtliche Ungleichbehandlung der Geschlechter, gerade vor dem Hintergrund, dass die Frauen in zwei Weltkriegen so viel geleistet hatten und ihre gesellschaftliche Gleichstellung praktisch wie auch faktisch längst anerkannt war,[196] ein Unding und damit mehr als reformbedürftig. Und so stellte sie als sozialdemokratisches Mitglied des Parlamentarischen Rates in Bonn am 3. Dezember 1948 im Rahmen der ersten Lesung des Hauptausschusses den Antrag, den Satz „Männer und Frauen sind gleichberechtigt." in das Grundgesetz aufzunehmen. Der

Parlamentarische Rat sollte drei Jahre nach Kriegsende eine vorläufige Verfassung für den Teil von Deutschland errichten, der von den Westmächten kontrolliert wurde. Aus der vorläufigen Verfassung wurde das Grundgesetz, welches am 23. Mai 1949 unter Billigung der Alliierten verkündet wurde. Der Rat bestand aus 61 stimmberechtigten männlichen und aus vier stimmberechtigten weiblichen Mitgliedern – darunter auch Elisabeth Selbert. Alle Mitglieder gingen aus den vorherigen Wahlen der Landtage der westlichen Besatzungszonen hervor.

Doch die Aufnahme des Satzes stand bereits in der ersten Lesung unter einem ungünstigen Stern, nämlich vor dem Hintergrund, dass schon zuvor im Ausschuss für Grundsatzfragen, dem Elisabeth Selbert nicht angehörte, ausgiebig über das Thema diskutiert wurde. Im Ergebnis sah dieser eine andere Formulierung vor. Des Weiteren fürchteten viele Abgeordneten die Konsequenzen, die mit der Aufnahme dieses Satzes in das Grundgesetz verbunden waren. Denn mit seiner Aufnahme würden wesentliche Bestimmungen des Bürgerlichen Gesetzbuches automatisch verfassungswidrig, da das Grundgesetz mit Verabschiedung unmittelbar Gesetzgebung und Rechtsprechung binden würde. Damit würde unter anderem „eine gesetzlose Zeit im Familienrecht"[197] drohen. Selbert konterte mit der Möglichkeit, gleichzeitig einen Übergangsartikel (Art. 117 Abs. 1) in das Grundgesetz aufzunehmen. Dieser räume dem Gesetzgeber eine Frist von vier Jahren ein, um die ungültigen Vorschriften des Bürgerlichen Gesetzbuches an den Gleichbehandlungsgrundsatz anzupassen und ein etwaiges Rechtschaos zu vermeiden. Als sich die kritischen Abgeordneten, darunter übrigens auch drei Politikerinnen, nicht überzeugen ließen, änderte Selbert ihre Taktik. Sie drohte noch in der Sitzung unmissverständlich kollektiven Widerstand an: *„Sollte der Artikel in dieser Fassung wieder abgelehnt werden, so darf ich Ihnen sagen, daß in der gesamten Öffentlichkeit die maßgeblichen Frauen wahrscheinlich dazu Stellung nehmen werden, und zwar derart, daß unter Umständen die Annahme der Verfassung gefährdet ist."*[198] Weder die Drohung noch ihr mahnender Hinweis, dass *„wir in Deutschland einen Frauenüberschuss von 7 Millionen haben und wir auf 100 männliche Wähler 170 weibliche Wähler rechnen"*[199], beeindruckte die Gegner und Gegnerinnen. Ihr Gleichheitsgebot wurde in der ersten Lesung abgelehnt. Wie zu erwarten, war Elisabeth Selbert in dieser Sache aber nicht zu Kompromissen bereit. Als Anwältin für Familienrecht war sie fest davon überzeugt, dass das *„Bürgerliche Gesetzbuch (…) ein anderes Gesicht bekommen muss"*.[200] Lockerlassen, Nachlassen oder gar Aufgeben stellten für die streitige Politikerin keine Optionen dar. Es blieben der resoluten 52-Jährigen noch eineinhalb Monate bis zur zweiten Lesung. Mit Vorträgen und persönlichen Ansprachen mobilisierte sie Frauen, Frauenverbände, Politikerinnen, Gemeindevertreterinnen und Gewerkschaftlerinnen, gegen die Ablehnung und für die Aufnahme ihres Antrags zu protestieren. Und tatsächlich war die außerparla-

AUTHENTIZITÄT: ELISABETH SELBERT

mentarische Protestwelle dank ihres unkonventionellen und mutigen Engagements größer als erwartet. Es trafen Wäschekörbe voller Eingaben beim Parlamentarischen Rat ein, die dieser nun auch nicht mehr übersehen konnte. So fiel in der zweiten Lesung am 18. Januar 1949 einstimmig die Entscheidung, den Antrag von Elisabeth Selbert anzunehmen. Später beschrieb sie diesen Moment als die „Sternstunde ihres Lebens".[201] Mit Verabschiedung des Grundgesetzes im Mai 1949 wurde damit das Gleichheitsgebot bestehend aus fünf Wörtern und in der heute geltenden Fassung in Art. 3 Abs. 2 Satz 1 GG fest verankert.

Als Persönlichkeit zeichnete sich Elisabeth Selbert dadurch aus, dass es ihr darauf ankam, sich selbst und ihrem Anliegen treu zu bleiben. Fest entschlossen hat sie zu ihren Werten, Prinzipien und Überzeugungen gestanden, die daraus resultierende jeweilige Haltung mit beeindruckender Konsistenz und Mut in ihr Handeln einfließen lassen. Mit dieser Beschreibung bildet Elisabeth Selbert den fünften Charisma-Faktor Authentizität mit den folgenden vier Untermerkmalen ab:

1. Werte
2. Entschlossenheit
3. Konsistenz
4. Mut

Wie wollen wir Authentizität verstehen? Die mittlerweile zum Modewort avancierte Authentizität wird schon seit einiger Zeit kontrovers diskutiert. Speziell im Hinblick darauf, ob es wirklich in jeder Lebenslage ratsam sei, ganz echt, ganz man selbst zu sein, ob Authentizität ein oder sogar der zentrale Erfolgsfaktor in der Führung sei, ob es nur darauf ankäme, echt zu wirken, und nicht darauf, echt zu sein, ob authentisches Auftreten nicht auch dazu führe, dass man gläsern und damit angreifbar sei, und generell die Frage, wo Authentizität anfängt und wo sie aufhört. Dies sind sicherlich alles wertvolle Diskussionsansätze. Aber im Kontext von Charisma kann die Frage nur sein: Inwieweit bringt uns unser Verständnis von Authentizität generell oder in der Rolle, die wir zum Beispiel als Führungskraft einnehmen, unserer charismatischen Ausstrahlung näher?

Menschen, die wir im Einklang mit ihren Werten und Überzeugungen erleben, und die sich nicht von äußeren Einflüssen bestimmen lassen, sondern sich selbst treu bleiben, wirken auf uns kongruent, also stimmig. Sie strahlen nicht nur das aus, was sie vertreten, sondern handeln auch danach. Wir nehmen sie als ehrlich, zuverlässig, berechenbar und verlässlich wahr. Dadurch geben sie uns eine Orientierung. Wir wissen bei ihnen in der Regel, woran wir sind. Im Idealfall halten sie selbst bei starkem Gegenwind Kurs, denn sie sind sich ihrer Werte, ihres Charakters, ihrer Stärken und Schwächen und ihrer festen Überzeugungen bewusst. Sie stehen zu ihren Strukturen, die ihnen als Kompass dienen – auch in stürmischen Zeiten.

Auch Elisabeth Selberts Handeln basierte auf Einsichten, die ihr, aber auch ihrem Umfeld Orientierung gaben und an denen sie gemessen wurde. Hier zwei Beispiele: „*Es gehört zu meinen persönlichen Charaktereigenschaften, dass, wenn ich von etwas überzeugt sein kann, ich diese Überzeugung auch mit Nachdruck verwende.*"[202] Ein weiteres „*typisches Diktum war: ‚Was ich mache, das tue ich ganz.'*" Ihr Einsatz für Art. 3 Abs. 2 Satz 1 GG hat uns gezeigt, dass ihre Forderungen nicht nur Lippenbekenntnisse waren, sondern dass ihnen auch Taten folgten. Ein solches Verhalten wird auch gerne mit dem englischen Ausspruch „Walk the Talk" umschrieben.

> „Denn Glaubwürdigkeit ist doch eine ganz einfache Sache:
> Man sagt, was man tut, und man tut, was man sagt."
> Daniel Dagan, israelischer Journalist

Sind der Authentizität eigentlich auch Grenzen gesetzt? Kann es sein, dass wir unter bestimmten Umständen unseren Werten oder Überzeugungen nicht mehr zu 100 Prozent treu sein können? Solche Umstände hat Elisabeth Selbert hautnah unter den Einflüssen der NS-Regimes erleben müssen. Auch hier musste diese energische, geradlinige und dem Recht verpflichtete Juristin – wie viele andere – Zugeständnisse machen. So trat sie, um die Zulassung zur Anwaltschaft zu bekommen und um ihren Beruf als Anwältin ausüben zu dürfen, dem Bund Nationalsozialistischer Deutscher Juristen bei. Allerdings beschränkte sich ihre Mitgliedschaft lediglich auf den Status eines Fördermitglieds, „da sie der NSDAP weiterhin nicht angehörte". In dieser Phase ihres Lebens konnte sie von Glück reden, dass sie ihre Zulassung als Anwältin überhaupt erhielt. Denn „Frauen unterm Hakenkreuz gehörten an Heim und Herd". Wie wir sehen, kommen Menschen, auch wenn sie noch so authentisch sind, in extremen Lebenslagen nicht ohne die Flucht in den Opportunismus aus. Kommen wir nun zum ersten Untermerkmal: den Werten.

1. Werte

Was sind Werte und wozu brauchen wir sie? Nach welchen Werten erziehen Sie Ihre Kinder oder haben sie erzogen? Nach welchen Werten wurden Sie selbst erzogen? Nach welchen persönlichen Werten leben Sie, wofür treten Sie ein? Nach welchen Werten führen Sie? Wie wir sehen, wirft das Thema Werte reichlich Fragen auf, die uns nachdenklich machen. Vermutlich sind auch Ihnen spontan Antworten in den Kopf geschossen. Dann lassen Sie uns loslegen, indem wir Werte benennen.

Schaffen Sie es, für jeden Buchstaben des ABCs einen Wert zu benennen? Oder für fast jeden? Hier ein Versuch: Autonomie, Besonnenheit, Disziplin, Ehrlichkeit, Freiheit, Gerechtigkeit, Herzlichkeit, Integrität, Konsequenz, Loyalität, Mitgefühl, Nächstenliebe, Offenheit, Pünktlichkeit, Respekt, Solidarität, Toleranz, Unabhängigkeit, Vertrauen, Wissbegierde und Zivilcourage. Vermutlich haben Sie beim Lesen manchmal zustimmend genickt oder ablehnend mit dem Kopf geschüttelt. Tja, so ist es mit den Werten. Die Werte des Einen sind nicht zwingend die Werte des Anderen und umgekehrt. Was allerdings alle Werte vereint, ist ihre Funktion. Denn Werte dienen uns als wertvoller Kompass, an dem wir uns orientieren können, sie prägen unsere Haltung, lenken unsere Handlungen und sind häufig der Grundstein für unsere Entscheidungen. Werte unterliegen dem Wandel, was sich zum Beispiel in der westlichen Gesellschaft seit 1980 sehr gut beobachten lässt.[203] So unterscheidet sich eine Generation von der anderen, wenn auch manchmal nur graduell, häufig in ihrem Wertekompass. Speziell die Generation Y, die um 1980 herum geboren ist, ist durch die Werte Autonomie, Partizipation und Selbstverwirklichung geprägt. Für sie spielen Feedback, Wertschätzung, Work-Life-Balance und Nachhaltigkeit eine größere Rolle als bei der Generation davor.[204] Auch bei der nachfolgenden „Generation Z"[205] (geboren ab ca. 1999), die sogenannten Digital Natives, stehen andere Werte im Vordergrund. Diese Jahrgänge sind zwischenzeitlich auf dem Arbeitsmarkt angekommen, leben ganz selbstverständlich online und setzen auf Sicherheit und Stabilität im Arbeitsleben. Sie zeichnen sich durch einen hohen Grad an Realismus aus. Prof. Dr. Christian Scholz von der Universität des Saarlands in Saarbrücken beschreibt dies sehr plakativ: „Die glauben diesen platten Sprüchen wie ‚der Mensch steht im Mittelpunkt' einfach nicht und fallen auch nicht auf Werbeslogans rein."[206] Darüber hinaus legt die Generation Z Wert auf Freiheit, Freizeit und Erlebnisse. Diesen generationsbedingten Wertewandel im eigenen Führungsverhalten zu berücksichtigen, ist unerlässlich, gerade dann, wenn es uns darum geht, Menschen zu erreichen oder zu motivieren. Diesen Zusammenhang hat der US-amerikanische Psychologe Steven Reiss (1947–2016) auf den Punkt gebracht: „Es macht keinen Sinn zu versuchen, eine andere Person zu motivieren, indem man an Werte appelliert, die diese nicht hat."[207]

Werte sollten darüber hinaus sensibel gehandhabt werden. Als Führungskraft bestimmte Werte lediglich zu proklamieren und sie nicht auch vorzuleben, ginge zulasten Ihres Vertrauenskontos und würde vermutlich Ihre Mitarbeiter eher frustrieren und demotivieren. Andererseits können gelebte Werte in Unternehmen eine hohe identitätsstiftende und verbindende Funktion haben, so das Deutsche Netzwerk für Wirtschaftsethik.[208]

Bevor wir uns im Anschluss die Werte von Elisabeth Selbert anschauen, möchte ich uns noch einen Gedanken mit auf den Weg geben. Was glauben Sie, welche Werte eine größere Strahlkraft haben: solche, die ausschließlich dem Eigenwohl dienen, oder solche, die mehr auf das Gemeinwohl ausgerichtet sind? Diese Frage lässt sich übrigens auch auf das unternehmerische Handeln übertragen.

An welchen Werten hat Elisabeth Selbert ihr Handeln und ihr Wirken ausgerichtet? Hier einige der Werte, die sie ohne Wenn und Aber vertrat: Autonomie, Bildung, Beharrlichkeit, Freiheit, Gleichheit, Konsistenz, Klarheit, Menschlichkeit, Unabhängigkeit, Verantwortung und Würde. Elisabeth Selbert gehörte damals zu den Frauen, die selbstbewusst und selbstbestimmt auftraten. Sie brauchte Entscheidungs- und Handlungsfreiheiten, um ihren Weg gehen zu können. Beharrlich und unermüdlich setzte sie sich für ihre Überzeugungen ein. Für sie war klar, *„dass Frauen, wie alle, die im Leben etwas leisten wollen, fundiertes Wissen bieten müssen"*. Wie wichtig ihr die menschliche Freiheit war, zeigt sich daran, dass auch die Freiheit der Person – neben der Gleichberechtigung von Mann und Frau – unter ihrer Mitwirkung gleich als unverletzliches Recht in Art. 2 Abs. 2 Satz 2 GG aufgenommen wurde. Was ihre Konsistenz auszeichnete, werden wir später noch betrachten.

Klarheit forderte sie insbesondere im Ausdruck und in der Sprache. So meldete sie sich häufig mit Bemerkungen zu Wort, die diesen Anspruch verdeutlichten: *„Warum drücken wir uns nicht klarer aus?"* Wie wichtig ihr die Menschenwürde war, zeigt sich an der Vorrangstellung dieses Grundrechts durch die Aufnahme in Art. 1 Abs. 1 GG: „Die Würde des Menschen ist unantastbar." Elisabeth Selbert wurde nicht müde, immer wieder an die menschenverachtenden Schreckensjahre der Naziherrschaft zu erinnern: *„Voller Grauen denken wir an die Zeiten der Sondergerichte, der Hochverratssenate, des Volksgerichtshof zurück, an alle Gerichte, die die Gesetze der Menschlichkeit, der Gleichheit vor dem Gesetz und der Menschenwürde mit Füßen getreten haben."*

Dass sie für ihren Wert der Unabhängigkeit einstand, wird unter anderem daran deutlich, dass sie schon früh ihr eigenes Geld verdiente und 1934 eine Anwaltspraxis eröffnete. Nach Kriegsende wendete sich Selbert wieder der Politik zu, um Verantwortung für die Neugestaltung der Bundesrepublik Deutschland zu übernehmen. Herauszuheben sind ihre wichtigen Beiträge für die Kassler Kommunalpolitik sowie ihre weichenstellende, beharrliche und couragierte Mitwirkung im Parlamentarischen Rat. Damit ging Elisabeth Selbert neben Helene Wessel (Zentrum), Dr. h. c. Helene Weber (CDU) und Friederike Nadig (SPD) als eine der vier Mütter des Grundgesetzes in die Geschichte ein.

AUTHENTIZITÄT: ELISABETH SELBERT

Extrameile für Ihr Charisma: Wertvolle Fragen

- Welche Werte leiten mein eigenes Verhalten?
- Welche Werte schreibe ich mir als Führungskraft auf meine Fahne?
- Wissen meine Mitarbeiter um den Sinn und die Notwendigkeit einer werteorientierten Führung?
- Kennen meine Mitarbeiter meine Werte?
- Weiß ich um die Werte meiner Mitarbeiter?
- Wie mache ich meine Werte im Beruf transparent?
- Verhalte ich mich stets wertekonform?
- Werden meine Werte in meiner Außenwirkung sichtbar? (Stichwort: Selbst- und Fremdwahrnehmung)
- Schaffe ich es, mich auch unter Druck wertekonform zu verhalten?

2. Entschlossenheit

„Es tut mir leid, Ihnen das sagen zu müssen, aber in dieser Sache mangelt es Ihnen leider an Entschlossenheit." Eine solche Bemerkung oder Einschätzung hat Elisabeth Selbert in ihren 89 Lebensjahren bestimmt nie gehört. Sie war eine Frau, die die Dinge, die sie sich vornahm, mit unbeugsamen Willen, mit der nötigen Entschlossenheit, mit einer gehörigen Portion Nachdruck und unbeirrt von Hindernissen in die Tat umsetzte.

Was genau hat Elisabeth Selbert denn eigentlich so alles angepackt? Welche verschiedenen „Lebenshüte"[209] trug sie? Lebenshüte repräsentieren in diesem Kontext die unterschiedlichen Rollen, in denen wir uns mal mehr, mal weniger befinden. Überlegen Sie doch an dieser Stelle schon einmal, welche Hüte Sie privat und/oder beruflich derzeit tragen und welche Rollen Sie in Ihren unterschiedlichen Lebensbereichen ausfüllen. Häufig nimmt die Anzahl der Lebenshüte mit zunehmendem Alter zu, bis sie dann nach und nach wieder abnimmt – der normale Lauf der Dinge eben. Schauen wir uns an, welche Lebenshüte Elisabeth Selbert bis 1945 trug und wie entschlossen sie die damit verbundenen Rollen ausfüllte.

Beginnen wir zunächst damit, was sie sich persönlich in jungen Jahren vorgenommen hatte. Als Schülerin der Mittelschule (Realschule) wurde ihr sehr schnell klar, dass in Sachen Bildung die Glocken für Mädchen anders klangen als die für Jungen. Beispielsweise war es 1912 nicht vorgesehen, dass Schülerinnen die sogenannte Mittelschule mit einem formal qualifizierenden Abschluss verließen – im Gegensatz zu den Mittelschulen für Jungen. Diese erste spürbare Ungleichbehandlung beschrieb

Elisabeth Selbert später als „*bitteres Unrecht*"[210], das ihr widerfahren war. Möglicherweise war diese erste diskriminierende Erfahrung auch ein Auslöser dafür, sich später für die Gleichberechtigung von Frauen einzusetzen. Ohnehin waren zu Beginn des 20. Jahrhunderts die Bildungschancen, soweit Eltern überhaupt über die notwendigen finanziellen Mittel verfügten, vom Geschlecht abhängig. Im 19. Jahrhundert war Frauen der Zugang zu Gymnasien oder zu Universitäten sogar generell verwehrt. Erst mit der am 18. August 1908 in Kraft getretenen „Neuordnung des höheren Mädchenschulwesens nebst den Bestimmungen über die Zulassung der Frauen zum Universitätsstudium"[211] öffneten sich die Bildungstore auch für Frauen. Nunmehr hatten sie ebenfalls das Recht, an deutschen Universitäten zu studieren.

Davon Gebrauch machte Elisabeth Selbert aber erst im Jahr 1926. Davor war ihr Weg noch ein anderer. Nach Ende der Mittelschule musste sie sich mit dem einjährigen Besuch der Kassler Gewerbe- und Handelsschule begnügen. Diese beendete sie im Jahr 1913 mit dem sogenannten „Puddingabitur", wie der Abschluss aufgrund der Beschränkung auf hauswirtschaftliche Schulfächer abschätzend bezeichnet wurde.[212] Als fachlich unterforderte Schülerin entstand in dieser Zeit ihr Berufswunsch, Lehrerin zu werden. Die Umsetzung dieser Idee scheiterte aber daran, dass die Eltern nicht über die notwendigen finanziellen Mittel verfügten, ihr den Besuch eines Oberlyzeums (Mädchengymnasium) zu ermöglichen. Damit schien ihre Schullaufbahn zunächst beendet. Ausgehend von ihrer Neigung zu Fremdsprachen und um den Eltern der mittlerweile sechsköpfigen Familie nicht weiter auf der Tasche zu liegen, suchte sie sich zunächst eine Stelle als Auslandskorrespondentin. Dass dies nicht das Ende ihrer beruflichen Laufbahn sein würde, war ihr schnell klar, denn ihr Bestreben war es, sich zunehmend und stetig weiter zu qualifizieren. Der Beginn des Ersten Weltkriegs im Jahr 1914 nahm darauf allerdings keine Rücksicht. Wie viele verlor sie ihre Arbeit. Während der darauffolgenden Arbeitslosigkeit musste sie erleben, was es heißt, finanziell abhängig zu sein und keiner beruflichen Tätigkeit nachgehen zu können. So stand für sie fest, dass sie einen Beruf ergreifen musste. Für eine Frau der damaligen Zeit war diese emanzipierte Haltung eher unüblich. Mit einer Anstellung als Postgehilfin im Telegrafendienst fand sie 1916 endlich wieder eine Beschäftigung, die sie für fünf Jahre in Lohn und Brot brachte. Mit 22 Jahren lernte sie den Buchdrucker Adam Selbert kennen. Was ihr an ihm imponierte, waren sein „ungewöhnlicher Bildungsstand"[213] und seine vor Kriegsbeginn begonnene politische Karriere als junger Abgeordneter der SPD im Kommunal- und Provinziallandtag für Hessen-Nassau.[214] Elisabeth Selbert folgte seiner politischen Ausrichtung und trat noch im selben Jahr, direkt nach Ende des Ersten Weltkriegs, der SPD bei. Durch die Mitgliedschaft in der Partei kam 1918 also ein weiterer Lebensinhalt für sie dazu. In politischer wie auch in gesellschaftlicher Hinsicht bildeten die Jahre 1918/1919

AUTHENTIZITÄT: ELISABETH SELBERT

für Deutschland eine Zeit des Wandels, der Neuorientierung und der Neuausrichtung. Was war passiert?

Im Rahmen der Novemberrevolution im Jahr 1918 wurde Kaiser Wilhelm II. gezwungen, abzudanken, Prinz Max von Baden übertrug Friedrich Ebert (SPD) als Führer der stärksten Reichstagspartei das Amt des Reichskanzlers und der Sozialdemokrat Philipp Scheidemann rief am 9. November 1918 in Berlin die deutsche Republik aus, die später in die Weimarer Republik mündete. Damit wurde erstmals in Deutschland eine parlamentarische Demokratie auf den Weg gebracht. Bedeutsam für Elisabeth Selbert, wie für viele andere Frauen der damaligen Zeit, war die lang ersehnte Geburtsstunde des Frauenwahlrechts. Dieses wurde durch Beschluss des Rats der Volksbeauftragten am 12. November 1918 eingeführt. Damit erhielten Frauen erstmals in der deutschen Geschichte das aktive und passive Wahlrecht. Die Teilnahme an der Wahl zur Deutschen Nationalversammlung im Jahre 1919 wurde für die Frauen zur Feuertaufe. Entsprechend hoch war ihre Wahlbeteiligung. Und tatsächlich zog mit 37 Abgeordneten auch die Weiblichkeit in die Weimarer Nationalversammlung ein. An vorderster Front, die Sozialdemokratin und spätere Gründerin der Arbeiterwohlfahrt (AWO), Maria Juchacz. Als erste Frau hielt sie am 19. Februar 1919 eine Rede in der Versammlung, die sie mit den folgenden unmissverständlichen Sätzen einleitete: „Meine Herren und Damen! Es ist das erste Mal, daß in Deutschland die Frau als freie und gleiche im Parlament zum Volke sprechen darf und ich möchte hier feststellen, und zwar ganz objektiv, daß die Revolution es gewesen ist, die auch in Deutschland die alten Vorurteile überwunden hat. (…). Ich möchte hier feststellen – und glaube damit im Einverständnis vieler zu sprechen –, daß wir deutschen Frauen dieser Regierung nicht etwa in dem althergebrachten Sinne Dank schuldig sind. Was diese Regierung getan hat, das war eine Selbstverständlichkeit: sie hat den Frauen gegeben, was ihnen bis dahin zu Unrecht vorenthalten worden ist."[215] Damit meinte sie natürlich das Frauenwahlrecht, welches dann in Art. 109 Abs. 1 Satz 2 der Weimarer Reichsverfassung (WRV)[216] mit einer stark umstrittenen Formulierung seinen Platz fand: „Männer und Frauen haben grundsätzlich dieselben staatsbürgerlichen Rechte und Pflichten." Wie wir bereits wissen, waren die Frauen mit dieser Formulierung noch weit von einer rechtlichen Gleichstellung mit Männern entfernt, denn diese Regelungen ließ die patriarchalisch wirkenden Vorschriften im BGB unberührt. So musste der Kampf der Frauen um wahre Gleichberechtigung also weitergehen.

Wie nicht anders zu erwarten, setzte sich Elisabeth Selbert zusätzlich zu ihrer Anstellung als Postgehilfin ihren neuen „roten" Lebenshut auf. Und sie war fest entschlossen, als Politikerin *„den Frauen ein grundlegendes Bewusstsein für Politik"*[217] zu vermitteln, um sie zum Mitwirken in der Politik zu motivieren. Sie selbst ging mit gutem Vorbild voran und wurde 1919 nach erfolgreicher Kandidatur ins Gemeindeparlament von Niederzwehren gewählt, dem sie bis 1925 als Kommunalpolitikerin angehörte. In dieser Zeit konnte sie nun endlich und tatsächlich in der Politik etwas bewirken. Gleichzeitig wurde sie mit ihren fachlichen Grenzen konfrontiert und musste lernen, diese zunächst zu akzeptieren. In den Jahren 1920 bis 1922 übernahm sie zwei neue Lebenshüte: zum einen in ihrer Rolle als Ehefrau, zum anderen in der Rolle als Mutter zweier kurz aufeinander geborener Söhne. Ihre Rolle als Ehefrau definierte sie, wie nicht anders zu erwarten, auf ihre ganz eigene Art. Ihre Definition entsprach so gar nicht dem gesellschaftlichen Rollenverständnis der Zeit. Im Übrigen auch nicht dem, was der Gesetzgeber als Rolle für die Ehefrau im Familienrecht vorgesehen hatte. Denn weder wollte sie als Ehefrau und Mutter ausschließlich zu Hause bleiben, noch ihrem Ehemann für immer und ewig den Rücken freihalten. Vielmehr war es ihr Bestreben, weiter im Gemeinderat mitzuwirken und zusätzlich einen richtigen Beruf zu erlernen. In ihrem Ehemann Adam fand sie einen Partner, der diesen Entschluss unterstützte, denn auch ihm war klar geworden, dass sie als starke Persönlichkeit und aufgrund ihrer fundierten Schulausbildung einer erfolgreichen Weiterqualifizierung näherstand als er. Mit großer Entschlossenheit setzte Elisabeth Selbert diesen gemeinsamen Plan um. Und so sammelte sie in den nächsten Jahren zunächst weitere Lebenshüte als Abiturientin, Studentin, Doktorandin und Rechtsreferendarin. Die Ergebnisse dieses steinigen Weges konnten sich sehen lassen. Mit 30 Jahren bestand sie im Jahr 1926 ihr Abitur und drei Jahre später ihr erstes juristisches Staatsexamen. Am 10. Juli 1930 durfte sie sich Dr. jur. Elisabeth Selbert nennen. Im Oktober 1934 absolvierte sie trotz der durch das NS-Regime veranlassten Entlassung von Adam und seiner einmonatigen Internierung ins „Schutzhaftlager" Breitenau ihr zweites juristisches Staatsexamen in Berlin. Dank ihrer erfolgreichen juristischen Ausbildung, ihrer Zulassung zur Rechtsanwältin sowie der Eröffnung einer eigenen Anwaltskanzlei war sie nun in der Lage, ihre Familie alleine zu ernähren. Dies war auch in den nächsten zwölf Jahren gefordert, da ihr Ehemann Adam immer noch einem streng überwachten Berufsverbot durch die Geheime Staatspolizei unterlag.[218] Erst mit Kriegsende am 8. Mai 1945 und dem damit verbundenen Ende des NS-Staats konnten die Selberts langsam durchatmen. Adam Selbert durfte wieder in den öffentlichen Dienst zurück und als politisch unbelastete Person wurde Elisabeth Selbert durch die US-amerikanische Besatzungsmacht zusätzlich als Notarin zugelassen. Trotz der katastrophalen Umstände im Nachkriegsdeutschland und der damit verbundenen Strapazen, war sie nun fest entschlossen, „ihr Wissen und ihre langjährige Rechtserfahrung in den Dienst der Allgemeinheit zu stellen".[219] Mit ihrer Entschlossenheit, ihrem Verantwortungsbewusstsein, ihrem Engagement und ihrer Zuversicht trieb sie den demokratischen Aufbau Deutschlands entscheidend voran.

AUTHENTIZITÄT: ELISABETH SELBERT

Extrameile für Ihr Charisma: Weniger ist mehr!

Wie viel wir mit Entschlossenheit, Tatkraft, Selbstwirksamkeit und entsprechender Willensstärke im Leben erreichen können, lässt sich am Leben von Elisabeth Selbert beispielhaft aufzeigen. Dennoch, auch sie kam immer wieder an ihre gesundheitlichen Grenzen. So ist überliefert, dass ihr Körper die Mehrfachbelastung als Ehefrau, Hausfrau, Mutter, Studentin, Doktorandin, Rechtsreferendarin und aktive Kommunalpolitikerin mit einem Nervenzusammenbruch während des Referendariats quittierte.[220] Das Thema Mehrfachbelastung sollten wir allerdings geschlechtsneutral betrachten, denn genderunabhängig liegt es jeweils in unserer eigenen Verantwortung, was und wie viel wir uns zumuten. Weniger kann häufig mehr bedeuten. Zudem wissen wir, dass eine gute Balance zwischen Privat- und Berufsleben nicht zuletzt um unserer Gesundheit willen anzustreben ist. Hier ein paar Fragen, die Sie sich stellen können, wenn Sie mögen:

- Wie viele Lebenshüte haben sich in meinem Leben angesammelt und welche trage ich derzeit gleichzeitig?
- Welche Lebenshüte sind wirklich wichtig und unverzichtbar für mich?[221]
- Wie bewerte ich meine Lebenshüte im Hinblick auf Lustgewinn und Unlustvermeidung?
- Welche Lebenshüte könnten auch andere für mich übernehmen (z. B. ein Amt in einem Verein)?
- Gibt es eine Möglichkeit, bestimmte Lebenshüte anders zu definieren, so dass ich Erleichterung empfinde?
- Gibt es Prioritäten innerhalb meiner Lebenshüte?

Das Konzept der Lebenshüte wurde vor vielen Jahren ausgehend von den „Denkhüten" Edward de Bonos von Lothar J. Seiwert entwickelt. Wenn Sie sich mit dem Thema Zeit- und Lebensmanagement schon einmal beschäftigt haben, müsste Seiwert Ihnen persönlich oder in Form seiner Bestseller bereits über den Weg gelaufen sein. Er empfiehlt, dass wir die Zahl unserer Lebenshüte auf maximal sieben beschränken sollten. Dies ist für engagierte Menschen gar nicht einfach. Aber speziell als Führungskraft wissen Sie, dass Qualität vor Quantität steht und dass es immer mehr auf Klasse statt auf Masse ankommt. Insoweit möchte auch ich Ihnen raten, sich die Zeit zu nehmen, um das Wesentliche vom Unwesentlichen zu unterscheiden. Danach fällt es Ihnen leichter, sich auf das zu konzentrieren, was für Sie wirklich wichtig ist. Sie werden sehr schnell feststellen, wie gut es Ihnen tut, verantwortlich und entschlossen Ballast abzuwerfen. Viel Erfolg dabei!

3. Konsistenz

„Ihre Lebensgeschichte ist wirklich von einer bemerkenswerten inneren Konsistenz: die junge Delegierte hält auf einer Frauenkonferenz im Jahre 1920 eine Rede, deren Inhalt sie ganz persönlich 30 Jahre später verwirklichen wird."[222]

Konsistenz ist ein Begriff, der in unterschiedlichen Kontexten zu Hause ist. In der Psychologie beschreibt Konsistenz die Widerspruchsfreiheit menschlichen Verhaltens. Dabei kann sich die Widerspruchsfreiheit zum einen darauf beziehen, ob sich der Mensch stimmig in Bezug auf sein Selbst verhält, aber auch darauf, ob sein Verhalten an sich stimmig ist. Beispielsweise würde ein Handeln, das im Widerspruch zu unseren Werten steht, von uns selbst oder/und von anderen als inkonsistent bewertet werden. Und unser Verhalten würde auch als inkonsistent bewertet werden, wenn wir beispielsweise Pünktlichkeit von unseren Mitarbeitern verlangen, selbst aber häufig zu spät zu Meetings kommen. Wie bedeutsam es sein kann, sich nicht in Widerspruch zu seinem eigenen Verhalten zu setzen, zeigt uns auch unsere Rechtsordnung. Diese lässt widersprüchliches Verhalten nur zu, solange dieses nicht gegen den Grundsatz von Treu und Glauben gemäß § 242 BGB verstößt. § 242 BGB besagt: *Der Schuldner ist verpflichtet, die Leistung so zu bewirken, wie Treu und Glauben mit Rücksicht auf die Verkehrssitte es erfordern.* Dieser Regelung nach, wird widersprüchliches Verhalten (venire contra factum proprium) dann nicht mehr von der Rechtsordnung geduldet bzw. verboten, wenn eine Person beispielsweise durch ihr konkretes Verhalten eine Situation bzw. einen sogenannten Vertrauenstatbestand geschaffen hat, auf den ihr Gegenüber vertraut hat oder vertrauen durfte. Hierzu beispielhaft eine Entscheidung aus dem Arbeitsrecht:

BEISPIEL:

Macht eine Arbeitnehmerin durch ihr Verhalten mit ganz besonderer Verbindlichkeit (Entgegennahme ihres Arbeitszeugnisses, Umzug in die Schweiz) und Endgültigkeit (Aufnahme einer neuen Arbeitsstelle in der Schweiz) deutlich, dass auch sie das Arbeitsverhältnis mit ihrem Arbeitgeber trotz fehlender schriftlicher Kündigung oder eines schriftlichen Aufhebungsvertrags als beendet ansieht, kann sie sich später (hier: nach vier Jahren) nicht auf den Fortbestand des Arbeitsverhältnisses wegen Vorliegen eines Formmangels gemäß § 623 BGB berufen. Ein solches widersprüchliches Verhalten wertete das Landesarbeitsgericht Hessen in seinem Urteil vom 26. Februar 2013 (Aktenzeichen 13 Sa 845/12) als treuwidrig, mithin als Verstoß gegen den Grundsatz von Treu und Glauben nach § 242 BGB.

AUTHENTIZITÄT: ELISABETH SELBERT

Mit diesem kleinen Exkurs ins Arbeitsrecht wird einmal mehr deutlich, welche Bedeutung konsistentes Verhalten für unser Gegenüber, zum Beispiel unsere Mitarbeiter oder unsere Kunden, haben kann. Schließlich erschaffen wir dadurch einen sogenannten Vertrauenstatbestand, worauf sich der andere verlässt oder auch verlassen darf. Dazu später mehr. Schauen wir uns zunächst an, inwieweit sich der Aspekt der Konsistenz auch bei Elisabeth Selbert verfolgen lässt.

Widerspruchsfreiheit in ihrem Verhalten zeigt sich bei ihr deutlich dadurch, dass sie sich immer wieder und gleichbleibend für die Gleichstellung der Frauen eingesetzt hat. So legte sie bereits auf der Frauenkonferenz vom 9./10. Oktober 1920 mit 109 Delegierten ihre Überzeugung mit den folgenden Worten dar: *„Ein Gedanke (…) hat meine besondere Beachtung gefunden: nämlich der, daß wir heute die Gleichberechtigung für unsere Frauen haben, daß aber die Gleichberechtigung immer noch eine rein papierne ist. Wir müssen nun dahin wirken, daß die Gleichberechtigung in der Praxis bis zur letzten Konsequenz durchgeführt wird."*[223] Überliefert ist weiter, dass sich Elisabeth Selbert in der Hessischen Verfassungsberatenden Versammlung im Jahr 1946 ebenfalls für die Frauenrechte einsetzte, indem sie formulierte, dass die Gleichstellung auch für andere Rechtsgebiete und in der Ökonomie gelten müsse: *„Ich halte es durchaus für erforderlich, dass im Arbeitsrecht und im Sozialrecht (…) ganz ausdrücklich darauf hingewiesen wird (…): Gleichheit unter allen Umständen bis zur letzten Konsequenz gerade auch hinsichtlich der Stellung der Frau im Wirtschaftsleben."* Bei diesen beiden Äußerungen, die 26 Jahre auseinanderliegen, fällt auf, dass Elisabeth Selbert sogar Konsistenz in der Wortwahl zeigte. Denn in beiden Sätzen benutzte sie die Formulierung *„bis zur letzten Konsequenz"*. Hieran zeigt sich einmal mehr, wie Worte und spezifische Formulierungen auch unser Handeln prägen können.

Konsistent im Hinblick auf ihre Kämpfernatur war auch ihr durchsetzungsstarkes Agieren im Parlamentarischen Rat im Jahr 1949, als ihr auffiel, dass das Thema Gleichberechtigung dort nicht von allen Abgeordneten als selbstverständlich betrachtet wurde, nicht einmal in der eigenen Fraktion. So musste sie zunächst dort ihren kompromisslosen Vorschlag zur Änderung des Art. 3 Abs. 2 GG durchsetzen, um anschließend den Kampf mit den politischen Gegnern im Hauptausschuss aufnehmen zu können. Als langjährige und praxiserfahrene Anwältin für Familienrecht wusste sie, was auf dem Spiel stand, schließlich hatte sie die *„Minderstellung der Frau in ihrer ganzen Tiefe und ihrem Leid erlebt, und zwar am Schreibtisch und in Gerichtssälen"*.[224] Insoweit war die längst überfällige rechtliche Absicherung der Gleichstellung als Grundrecht für sie die ultimative Lösung – koste es, was es wolle.

Konsistent im Hinblick auf ihr Streben nach Bildung – einer ihrer persönlichen Werte – war auch ihr hartnäckiges Bestreben nach kontinuierlicher Weiterbildung.

So sagte sie selbst von sich: „*Ich hatte die Besessenheit, ... mein Wissen zu erweitern, weil ich merkte, man kann im Leben nur weiterkommen, wenn man über ein gewisses Maß an Kenntnissen verfügt.*"[225] Und das tat sie ja dann auch ab ihrem 30. Lebensjahr, und zwar konsequent und unnachgiebig. In nur acht Jahren (!) absolvierte sie beginnend mit Abitur ihr Jurastudium, ein Rechtsreferendariat, eine Promotion und brachte es bis zur endgültigen Anwaltszulassung im Jahre 1934.

Ist der Gedanke der Konsistenz auch für den Führungsalltag brauchbar? Auf jeden Fall, und zwar auf mehreren Ebenen. Konsistentes Verhalten schafft eine wertvolle Vertrauensbasis für unsere Mitarbeiter, denn durch konsistentes Verhalten wirken wir auf sie berechenbar, einschätzbar, glaubwürdig und orientierend. Wenn unser roter Handlungsfaden durchgängig sichtbar ist, wird man es uns auch nachsehen, wenn wir situationsbedingt mal ein wenig von unserem Weg abweichen. Andererseits sollten wir uns aber auch im Klaren darüber sein, dass wir aufgrund dieses Vertrauensverhältnisses auch eine große Verantwortung gegenüber unseren Mitarbeitern tragen. Diese verlassen sich in der Regel auf das, was wir sagen, auf unsere Vorgaben, unsere Anweisungen, auf den Tenor der Mitarbeitergespräche und auf die vereinbarten Maßnahmen und Ziele. Insoweit ist es wichtig, dass wir mit gutem Vorbild vorangehen und uns nicht sprunghaft oder sogar widersprüchlich verhalten. Dies wäre nämlich der Nährboden für Unsicherheit, Unberechenbarkeit, Vertrauensverlust, Orientierungslosigkeit und letztlich für Autoritätsverlust.

Auf Kundenebene wird konsistentes Verhalten in der Regel durch Treue belohnt. Denn warum sollte der Kunde unserem Produkt, unserem Kontakt oder unserer Dienstleistung nicht die Treue halten, wenn er uns vertrauen, ja möglicherweise sogar blind vertrauen kann?

Ist Konsistenz nicht das, was wir uns alle wünschen und anstreben? Ist es nicht das, was wir auch als Anbieter häufig versprechen? Ist Konsistenz für uns nicht gar der USP (unique selling proposition), also das Alleinstellungsmerkmal, wodurch wir uns von unseren Konkurrenten unterscheiden können?

Was bedeutet Konsistenz für uns persönlich? Nur durch konsistentes Verhalten sind wir in der Lage, Ziele zu erreichen, da wir beständig und beharrlich bei der Sache bleiben. Überlegen Sie doch bitte einmal, wie Sie es beispielsweise geschafft haben, Ihre Ausbildung, Ihre Weiterbildung bzw. Ihr Studium zu absolvieren. Wie Sie Ihre derzeitige Position erreicht haben oder wie Sie ein kleines Bauprojekt in Ihrem Haus oder Garten umgesetzt haben. Wie Sie Ihren derzeitigen Fitness-Level erreicht haben. All Ihre persönlichen Ziele haben Sie sicherlich nicht erreicht, indem Sie mal hier und mal da etwas getan haben. Nein, Sie konnten diese Ziele nur erreichen, weil Sie kontinuierlich am Ball geblieben sind und sich der jeweiligen Sache voll und ganz verschrieben haben – auch über einen längeren Zeitraum.

AUTHENTIZITÄT: ELISABETH SELBERT

Wie schädlich dagegen inkonsistentes Verhalten sein kann, lässt sich gut am Beispiel der Kindererziehung belegen. Wenn Sie selbst Mutter oder Vater sind, wissen Sie, wie sich wechselndes, schwankendes oder widersprüchliches Verhalten eines Elternteils oder der Eltern untereinander auf die Kindererziehung auswirken. Unsere Kinder verlieren den Halt, die Orientierung und es kann zur Entwicklung von Verhaltensauffälligkeiten kommen.

Umso mehr dürfen wir uns diesen Aspekt zu Herzen nehmen und uns selbst verpflichten, beharrlich an der eigenen Konsistenz zu arbeiten.

Extrameile für Ihr Charisma: Commitment zur Konsistenz

Durch ein Commitment zur Konsistenz können wir uns selbst verpflichten, unser Verhalten auf Widerspruchsfreiheit auszurichten oder dahingehend zu überprüfen. Ich möchte Ihnen ein paar Fragen vorschlagen, die uns bei einer solchen Ausrichtung helfen können:

- Bringe ich zu Ende, was ich angefangen habe? Wenn Nein, warum nicht?
- Halte ich meine Versprechen und Zusagen?
- Zählt mein Wort?
- Bleibe ich mir selbst treu?

Vermutlich vermögen wir nicht, uns in jeder Lebenslage und in jeder Lebenssituation konsistent zu verhalten. Vielleicht wäre dieser Anspruch auch zu hoch. Entscheidend ist, dass wir grundsätzlich unserer Linie treu bleiben. Die Anstrengung, die hierfür erforderlich sein wird, wird durch unsere Erfolge belohnt werden und vor allem unsere Beziehungen zu anderen Menschen festigen.

4. Mut

„Die Frauen setzen sehr viel Hoffnung auf Sie,
sehr geehrte Frau Dr. Selbert,
weil anscheinend die anderen Abgeordneten nicht den Mut haben,
den Mund aufzutun."[226]

Mut zu haben hat zweierlei Dimensionen: es kann sich auf eine Handlung oder auf eine Handlungsverweigerung beziehen. So handelt beispielsweise ein Mensch dann mutig, wenn er sich trotz drohender Gegenwehr oder Gefahren entschließt, sich für eine Sache einzusetzen. Mutig kann es aber auch sein, wenn sich trotz drohender Konsequenzen ein Mensch weigert, etwas zu tun, zum Beispiel weil es seinem Gewissen widerspricht, weil er es für unzumutbar hält oder es als Unrecht bewertet. Beide Handlungsarten können wir auch bei Elisabeth Selbert beobachten.

Beginnen wir mit der ersten. Es wäre Elisabeth Selbert nie im Traum eingefallen, dass ihr Antrag „Männer und Frauen sind gleichberechtigt" im Ausschuss für Grundsatzfragen, einem Fachausschuss des Parlamentarischen Rates, auf Ablehnung treffen könnte, denn aus ihrer Sicht war es eine *„Selbstverständlichkeit (…), dass man den Frauen die Gleichberechtigung auf allen Gebieten geben muss. (…)* [Hat doch] *die Frau, die während der Kriegsjahre auf den Trümmern gestanden und den Mann an der Arbeitsstelle ersetzt hat (…) einen moralischen Anspruch darauf, so wie der Mann bewertet zu werden".*[227] Und deswegen hielt sie an ihrer Überzeugung und ihrem Antrag fest. Im Übrigen war es nur ein Fachausschuss, der ihren Antrag abgelehnt hatte. Es verblieb noch der Hauptausschuss. Und so ergriff sie am 3. Dezember 1948 die Chance, ihren Antrag direkt und persönlich in die erste Lesung des Hauptausschusses zu bringen. Der Hauptausschuss hatte die Aufgaben, die einzelnen Fachausschüsse zu koordinieren und in vier Lesungen den Entwurf des Grundgesetzes zu erarbeiten.[228]

Auch wenn das Recht auf Gleichberechtigung der Frau im Grundgesetz verankert werden sollte, war der Selbertsche Gleichheitssatz der Mehrheit der Abgeordneten des Hauptausschusses viel zu folgenschwer. Diese schwerwiegenden Konsequenzen sah Elisabeth Selbert sehr wohl auch, schließlich wusste sie als Juristin nur zu gut, dass ihr Satz Teile des „ehrwürdigen" Bürgerlichen Gesetzbuches außer Kraft setzen würde. Dennoch beharrte sie mutig, aber nicht leichtsinnig, auf ihrer Formulierung. Vorsorglich hatte sie für eine Übergangsklausel gesorgt, die dem Gesetzgeber vier Jahre lang Zeit ließe, nämlich bis zum 31. März 1953, nach und nach die entsprechenden Vorschriften im Bürgerlichen Gesetzbuch anzupassen. Auf diese Weise wollte sie zum einen das Argument der Folgenschwere entkräften und zum anderen Druck aus der Diskussion nehmen. Vergeblich – ihr Antrag wurde in der ersten Lesung des Hauptausschusses abgelehnt. Von dieser zweiten Niederlage ließ sie sich abermals nicht entmutigen, denn ihr blieb noch der couragierte Weg, außerparlamentarisch Einfluss zu nehmen. Das Ausmaß ihres Engagements trug ungeahnte Früchte: „Wäschekörbe voller Eingaben"[229] verschiedenster Frauenorganisationen erreichten den Parlamentarischen Rat. Dieser Proteststurm der Frauen, den Dr. Theodor Heuss zwar abwertend als sogenanntes „Quasi-Stürmlein"[230] bezeichnet hatte, führte endlich in der zweiten Lesung im Hauptausschuss am 18. Januar 1949 zu dem ersehnten einheitlichen Stimmungsumschwung aufseiten der Abgeordneten. Damit gelang Elisabeth Selbert ein historischer Durchbruch für die Frauenrechte, der in dieser Form einzigartig und damit unvergleichlich war: „Aber kein einzelner

AUTHENTIZITÄT: ELISABETH SELBERT

Mensch hätte wohl 1949, und noch dazu in der Weihnachtszeit, die Demokratie derart zu beleben vermocht, um einen solchen Sturm zu entfachen."[231]

In welchen Situationen ihres beruflichen Lebens hat Elisabeth Selbert weiterhin Mut gezeigt? Lassen Sie uns die Jahre des Nationalsozialismus, also die Zeit von 1933 bis 1945, betrachten. Es war eine Zeit, in der politisch Andersdenkende und -handelnde um ihre Existenz und um ihr Leben bangen mussten. Elisabeth Selbert musste damals gezwungenermaßen als Alleinverdienerin die Existenz der Familie sichern. Dennoch hat sie nicht alles mitgemacht und auf ihre eigene Art und Weise Widerstand geleistet. Beispielsweise hat sie sich öffentlich und damit sichtbar geweigert, die nationalsozialistische Grußform zu verwenden, obwohl sie dafür mehrmals vom Gerichtspräsidenten gerügt wurde. Auch gehörte Elisabeth Selbert einem Kreis von Anwälten an, die in leichten Strafsachen zusammen mit einigen zuständigen Richtern Strategien entwickelten, um Beschuldigte vor der Willkür der Gestapo-Beamten zu schützen. Eine Maßnahme bestand beispielsweise darin, dass willige Richter Beschuldigte lediglich zu milden Strafen verurteilten, statt sie freizusprechen. Wären sie freigesprochen worden, hätte ihnen die Festnahme auch ohne Haftbefehl und im schlimmsten Fall die Deportation in ein Arbeitslager gedroht. Dies war möglich, weil der Rechtsstaat im Nationalsozialismus ausgehebelt war.

Eine weitere Widerstandshandlung leistete Selbert wenige Tage nach dem zerstörerischen Bombenangriff auf Kassel am 22. Oktober 1943. Auf Anweisung der Anwaltskammer sollte Elisabeth Selbert sich gemeinsam mit anderen Kollegen im großen Sitzungssaal des Kasseler Finanzamtes einfinden. Dort angekommen, wurden sie bereits von einigen SS-Führern erwartet, deren Ziel es war, die Juristen zu zwingen, ad hoc ein sogenanntes Sondergericht – und zwar ein Plündergericht – einzurichten. Sondergerichte waren Teil des nationalsozialistischen Unrechtsstaats und bekannt dafür, dass sie Beschuldigte bereits bei geringfügigen Delikten zu Gefängnisstrafen, Inhaftierung in Konzentrationslager oder zu Todesstrafen verurteilten.[232] Konkret ging es den anwesenden SS-Führern um die Verurteilung von zwei 16-jährigen Jungen, die bereits mit erhobenen Händen an der Saalwand standen. Der Bombenangriff hatte aber alle Kasseler Anwaltskanzleien und das Gerichtsgebäude zerstört. Gesetzbücher standen auch nicht mehr zur Verfügung. So waren sich die anwesenden Juristen – nach heimlicher Absprache – einig, dass sie mangels einsehbarer Gesetze nicht feststellen könnten, ob die „Gewaltverbrecherverordnung" auch auf die beiden Jugendlichen anzuwenden sei. Elisabeth Selbert beschrieb dieses Erlebnis später mit den Worten: *„Wir haben erreicht, dass an diesem Tag kein Sondergericht zusammentrat, wir hatten uns durchgesetzt."*[233]

Nun waren dies alles schon sehr mutige Taten, die dank unserer heutigen Demokratie, der Rechtsstaatlichkeit und der Gewaltenteilung hoffentlich nie mehr in dieser Form vorkommen müssen. Doch auch wenn die Anlässe sich ändern, noch heute gilt es, wenn auch in anderen Kontexten, Mut unter Beweis zu stellen, zum Beispiel in der Führung. Führungskräfte brauchen in vielfältiger Hinsicht Mut. In welchen Fällen kann uns Mut helfen? Hierzu eine nette Geschichte:

> *Großer Aufruhr im Wald! Es geht das Gerücht um, der Bär habe eine Todesliste. Alle fragen sich, wer denn nun da draufsteht. Als Erster nimmt der Hirsch allen Mut zusammen. Er geht zum Bären und fragt ihn: „Sag mal Bär, steh ich auch auf deiner Liste?" „Ja", sagt der Bär, „auch dein Name steht auf der Liste." Voller Angst dreht sich der Hirsch um und geht. Und wirklich, nach zwei Tagen wird der Hirsch tot aufgefunden. Die Angst bei den Waldbewohnern steigt immer mehr und die Gerüchteküche um die Frage, wer denn nun auf der Liste stehe, brodelt. Schließlich reißt dem Keiler der Geduldsfaden. Er sucht den Bären auf, um ihn zu fragen, ob er auch auf der Liste stehen würde. „Ja", antwortet der Bär, „auch du stehst auf der Liste." Verängstigt verabschiedet sich der Keiler vom Bären. Und auch ihn findet man nach zwei Tagen tot auf. Nun bricht die Panik bei den Waldbewohnern aus, alle verkriechen sich oder flüchten aus dem geliebten Wald. Nur der ansonsten ängstliche Hase traut sich noch, den Bären aufzusuchen. „Bär, steh ich auch auf der Liste?" „Ja, auch du stehst auf der Liste." „Kannst du mich da streichen?" „Na klar, kein Problem!"*

Die Geschichte trägt die Überschrift „Frag doch einfach".[234] Mut hilft, mutige Fragen zu stellen. Fragen, mit denen wir als Führungskraft zum Ausdruck bringen, dass auch wir auf das Wissen und die Erfahrung unserer Mitarbeiter angewiesen und nicht allwissend sind. Solche könnten beispielsweise sein:

- Wie würden Sie (Teammitglied) in dieser Situation entscheiden?
- Passt die Entscheidung noch in diese Zeit?
- Was halten Sie von dieser Lösung?
- Stimmen unsere Annahmen noch?

Häufig braucht es auch unseren Mut, um Dinge zu entscheiden, eine Position zu vertreten, Fehler zuzugeben, unseren Mitarbeitern zu vertrauen, eine eigene Meinung zu haben, Kritik zu üben, unsere Komfortzone zu verlassen, um neue Wege zu gehen oder mit den Worten von Immanuel Kant: „Habe Mut, dich deines eigenen Verstandes zu bedienen."

Warum fällt es uns schwer, mutig zu sein? Wovor haben wir Angst? Vermutlich wissen Sie aus eigener Erfahrung, dass Ängste häufig unserem Mut im Wege stehen bzw. generell unser Denken und Handeln beeinflussen. Und dass Ängste auch vor dem Arbeitsleben oder vor Hierarchien keinen Halt machen. Selbst im Topmanagement kursieren Ängste.[235] Solche können zum Beispiel sein: Angst zu versagen, Angst vor dem Unbekannten, Angst vor Machtverlust oder gar Existenzängste.

Nun ist Angst an sich nichts Schlimmes, denn Angst hat erst einmal die Funktion, uns zu schützen. Allerdings kann Angst auch einen negativen Einfluss auf unser Führungsverhalten haben. So hat sich beispielsweise eine Studie mit der Frage beschäftigt, was es bedeutet, wenn Führungskräfte Angst vor Machtverlust haben.[236] Die Studie kam zu dem Ergebnis, dass diese dann zunehmend egoistischer werden, selbstschützendes Verhalten an den Tag legen und der Teamgedanke immer mehr in den Hintergrund rückt. Ganz besonders ausgeprägt sind eigennützige Verhaltensweisen bei befürchtetem Machtverlust dann, wenn die betreffende Führungskraft ihre Umwelt als stark kompetitiv wahrnimmt.

Angst macht aber auch kreativ. Die Erfahrung zeigt, dass Führungskräfte ihre Ängste auch dadurch bewältigen, dass sie sich individueller Copingstrategien, also Bewältigungsstrategien, bedienen. Lassen Sie uns eine Strategie anschauen, die Ihnen vielleicht bekannt ist und sich gut nachvollziehen lässt.

Denken Sie an eine Präsentation oder an einen Vortrag zurück, von dessen Gelingen einiges für Sie abhing. Welche Strategie haben Sie angewandt, um bestmöglich vorbereitet zu sein und um Ihren eigenen Erwartungen und denen Ihrer Zuhörer zu genügen? Kann es sein, dass Sie Ihren Vorbereitungs- und Arbeitsaufwand[237] erheblich gesteigert haben, um auf möglichst „alle" Eventualitäten vorbereitet zu sein? Was bedeutet das nun für die Unternehmenswelt? Ängste als nichtexistent zu betrachten, ist sicherlich keine Lösung, auch und gerade nicht in Unternehmen. Denn Angst ist ein Gefühl, das zum Menschsein dazugehört. Es wäre „im tiefsten Sinne unmenschlich"[238], Emotionalität im Business auszuschließen. Insoweit könnte es helfen, auch im Unternehmen generell offen mit Gefühlen und damit mit Ängsten umzugehen und diese Haltung in der Unternehmenskultur zu etablieren. Ein Anfang könnte bereits dadurch gemacht werden, dass Ängste nicht als Schwächen bewertet werden – ganz im Sinne eines menschlichen Umgangs miteinander.

Extrameile für Ihr Charisma: Mut zur Angst

Wenn Angst kein Feind, sondern ein heimlicher Erfolgsheld wäre, was würde sich ändern? Diese Frage hat die US-amerikanische Psychotherapeutin Alicia Clark aufgeworfen und in ihrem Buch *Hack Your Anxiety*[239] vertieft. Möglicherweise wären wir so in der Lage, Angst besser anzunehmen und gar als Kraftquelle oder Motivation zu nutzen. Dies könnte zumindest bei moderaten Ängsten funktionieren.

Haben Sie hierzu vielleicht sogar schon eigene Erfahrungen gemacht? Gab es in Ihrem Leben Herausforderungen, die Sie trotz anfänglicher Angst mit Bravour gemeistert haben, ja, bei denen Sie über sich selbst hinausgewachsen sind? Oder gab es Momente der Angst, die Seiten an Ihnen hervorgebracht haben, die Sie noch gar nicht kannten?

Wir können also festhalten, dass ein gewisses Quantum an Angst durchaus anspornend wirken kann, um unserem Mut auf die Sprünge zu helfen.

> „Erfolg ist nicht das Ende, Versagen ist nicht fatal:
> Es ist der Mut, weiterzumachen, der zählt."
> Winston Churchill, ehem. britischer Premierminister (1874–1965)

CHARISMA-FAKTOR 5¾: BEMERKENSWERT

RUTH BADER GINSBURG

„Fight for the things that you care about,
but do it in a way that will lead others to join you."

Ruth Bader Ginsburg (1933–2020)

© Lynn Gilbert – https://commons.wikimedia.org/wiki/File:RB_Ginsburg_1977_%C2%A9Lynn_Gilbert_(cropped).jpg

1957. Eine junge, gutaussehende Frau in einem eleganten Cocktailkleid aus blauer Seide betrat schüchtern und erwartungsschwanger das Haus des Dekans der Harvard University in Boston. Das prachtvolle Entree wirkte gediegen, steif und sehr förmlich. Das einzig Lebendige waren die Stimmen der bereits anwesenden Kommilitoninnen. Aber auch diese setzten alles daran, die Etikette zu wahren, einen guten Eindruck zu machen. Die Konversationen wirkten oberflächlich und bemüht. Dann war es soweit. Die Ehefrau des Dekans bat die ebenfalls geladenen Professoren, die neun Damen zu Tisch zu geleiten. Auch der jungen Frau im Cocktailkleid wurde höflich der Arm gereicht und sie wurde zu ihrem Platz geführt. Die Tafel war festlich, stilvoll und formvollendet gedeckt. Der Dekan und seine Frau nahmen jeweils an den Tischenden Platz und der erste Gang des Menüs wurde serviert. Erst das helle „Pling", das vom gefüllten Weinglas des Dekans erklang, ließ die Gespräche verstummen. Der Dekan erhob sich und richtete das Wort an die Anwesenden: „Hochverehrte Kollegen, meine Damen, dies ist erst das sechste Jahr, in dem es auch Frauen möglich ist, in Harvard Jura zu studieren. (…) Meine Frau und ich sind überaus erfreut, dass Sie alle neun kommen konnten. Und nun möchten wir reihum von Ihnen wissen, wer Sie sind, woher Sie kommen und wieso Sie einen Studienplatz besetzen, der traditionell an einen Mann gehen würde?"[240] Betretenes Schweigen erfüllte den Raum. Als schließlich die Ehefrau des Dekans ihre junge Tischnachbarin freundlich aufforderte, doch den Anfang zu machen, wagte diese, sich von ihrem Sitz zu erheben, um sich zu den drei Fragen zu erklären. Ihre Antworten schienen dem Dekan auszureichen. Die Begründung der zweiten Studienanwärterin dagegen wurde von ihm rüde als nicht überzeugend erachtet. Die Contenance wahrend – mittlerweile hatte jede der Mitstreiterinnen das Einschüchterungsspiel des Dekans durchschaut – erhob sich auch die junge Frau im Seidenkleid von ihrem Stuhl, um der unausweichlichen Aufforderung nachzukommen. Mit höflicher, freundlicher und überzeugter Miene formulierte sie die folgenden drei Sätze, die bei ihren Kommilitoninnen ein amüsantes Kichern und bei dem Dekan einen konsternierten Blick hinterließen: „Ich bin Ruth Ginsburg aus Brooklyn. Mein Mann Marty studiert hier im zweiten Jahr. Ich will in Harvard etwas über seine Arbeit erfahren, so kann ich ihm eine verständnisvollere Ehefrau sein."[241]

Ein bemerkenswertes und vor allem unerwartetes Statement von einer jungen Frau, die zu jenen neun Studentinnen gehörte, die 1957 unter 500 männlichen Studenten in Harvard Jura studieren durften. Eine Frau, die bis zu ihrem Lebensende im September 2020 dem Supreme Court der Vereinigten Staaten von Amerika als beigeordnete Richterin (Associate Justice) angehörte: Ruth Bader Ginsburg.

Der Supreme Court ist das oberste rechtsprechende Staatsorgan der USA. Er besteht aus neun Richtern, wobei einer von ihnen den Vorsitz (Chief Justice) innehat. Nominiert werden die Richterkandidaten vom jeweils amtierenden Präsidenten. Nach Befragung und Zustimmung des US-Senats wird dann der jeweilige Kandidat oder die jeweilige Kandidatin in der Regel auf Lebenszeit in das hohe Amt berufen. Ruth Bader Ginsburg wurde im Alter von 60 Jahren durch Präsident Clinton nominiert und am 10. August 1993 durch den US-Senat mit 96 zu drei Stimmen in ihrem neuen Amt bestätigt. Damit besetzte sie neben der Richterin Sandra Day O'Connor, die allerdings 2006 aus dem neunköpfigen Gremium ausschied, als zweite und noch dazu Frau jüdischen Glaubens, diese mächtige und einflussreiche Position. In politischer Hinsicht repräsentierte sie den linken Flügel des Supreme Courts.

Doch dieses hohe Amt ist nicht das einzig Bemerkenswerte an Ruth Bader Ginsburg. Bemerkenswert ist all das, was sie in den 1970er-Jahren als Prozessanwältin (Litigator) für die Stellung der Frau bzw. generell für Minderheiten in der amerikanischen Gesellschaft in rechtlicher Hinsicht erreicht hat. Die US-amerikanische Gesetzgebung der 1970er-Jahre betrachtete Frauen im Vergleich zu Männern immer noch als Bürger zweiter Klasse. Der Ehemann galt als Versorger und entschied über den Lebensort der Familie. Die Frau hatte sich seiner Entscheidung anzupassen. Schwangere Arbeitnehmerinnen konnten in einigen Bundesstaaten schutzlos entlassen werden. Banken verlangten bei Kreditverträgen mit Frauen eine zusätzliche Unterschrift des Ehemannes. Gleichzeitig entwickelte sich eine Frauenbewegung, die für die Geschlechtergleichstellung auf die Barrikaden ging. Ruth Bader Ginsburg hatte sich nach Abschluss ihres Juraexamens als Professorin bei der Rutgers University in New Jersey einen Namen gemacht. Ihr Traum, als Anwältin in New York zu arbeiten, scheiterte an ihrem Geschlecht. Trotz ihrer brillanten juristischen Kenntnisse und ihrer Auszeichnung durch die prestigeträchtige Harvard Law Review, war sie für Kanzleien uninteressant. Zunehmend wurde das Frauenthema auch zu einem Bürgerrechtsthema und so nahm sich die große US-amerikanische Bürgerrechtsunion ACLU (American Civil Liberties Union) dieser Bewegung an. Sie warb erfolgreich um die rechtliche Unterstützung durch Ruth Bader Ginsburg. Diese willigte ein und wurde als Prozessanwältin in Hunderten von Fällen für die ACLU tätig. Sechs dieser Fälle brachte sie vor den Supreme Court und gewann davon fünf Prozesse, wie zum Beispiel den Prozess Weinberger gegen Wiesenfeld. Die Besonderheit an diesem Prozess war, dass sie dieses Mal nicht eine Frau, sondern einen benachteiligten Mann vertrat. Stephan Wiesenfeld, dessen Frau bei der Geburt des gemeinsamen Sohnes verstarb, hatte vergeblich versucht, Sozialleistungen für sich zu beantragen. Sein Antrag wurde mit der Begründung abgelehnt, dass dieser Anspruch nur Witwen und Hausfrauen, aber nicht Witwern und Hausmännern zustünde. Ruth Bader Ginsburg konnte nun mithilfe dieses Falls die weitreichenden Folgen der Geschlechterdiskriminierung aufzeigen, denn nun wurde deutlich, dass auch Männer als Hausmänner und Witwer von einer gesetzlichen Ungleichbehandlung betroffen sein konnten. Im Jahr 1975 war der Supreme Court noch ausschließlich mit neun männlichen Richtern – „fast alles weiße privilegierte Männer"[242] – besetzt. Ruth Bader Ginsburg gewann den Fall: Die Richter entschieden einstimmig zugunsten von Stephan Wiesenfeld. *„Sein Fall zeigte perfekt, dass Geschlechterdiskriminierung allen schadet."*

Ginsburg hat mit diesem strategisch bedeutsamen Sieg einen wichtigen Stein ins Rollen gebracht. Teil ihrer weiteren Prozessstrategie war es nun, mit einem hohen Grad an Selbstdisziplin Schritt für Schritt die Idee der Gleichberechtigung mit jedem weiteren Fall voranzutreiben – was ihr in den folgenden Jahren außerordentlich gut gelang. Im Rahmen ihrer Prozesse ließ sie sich vor Gericht niemals durch unsachliche Fragen oder Bemerkungen aus der Reserve locken. Dafür war sie viel zu selbstbeherrscht. Im Übrigen hatte ihr bereits ihre Mutter zwei Dinge mit auf den Weg gegeben: „Sei eine Lady und sei unabhängig!" Ersteres bedeutete für Ruth Bader Ginsburg, sich nicht von nutzlosen Gefühlen überwältigen zu lassen. Letzteres, dass sie selbst als Ehefrau eines „Märchenprinzen" immer in der Lage war, sich selbst zu versorgen. Mit ihrer Ernennung zur Bundesrichterin am United States Court of Appeals (Berufungsgericht) for the District of Columbia Circuit durch Jimmy Carter endete ihre Karriere als Prozessanwältin. An diesem Appellationsgericht verblieb sie bis zu ihrer Ernennung zur Richterin am Supreme Court 1993.

In ihrem langen Leben und ihrer engagierten beruflichen Tätigkeit fallen drei Aspekte ins Auge, die ihre Persönlichkeit und ihr Charisma prägten:

1. ihre eiserne Disziplin
2. ihr respektvoller Umgang auch mit ihren Gegnern
3. ihr Sinn für Humor

Diese drei Merkmale formen unseren Charisma-Faktor $5\,^3/_4$, den ich unter dem Begriff „bemerkenswert" zusammengefasst habe.

In ihrer Art war Ruth Bader Ginsburg einzigartig und eine rundum bemerkenswerte Persönlichkeit. Schon heutzutage gilt sie in Amerika als Legende. Gerade von der Jugend wird sie aufgrund ihrer zahlreichen Sondervoten, die sich aus der veränderten Zusammensetzung des Gerichts ergeben, verehrt und gefeiert. Ruth Bader Ginsburg gilt deshalb als Verfechterin der Wahrheit, die es ohne sie nicht geben würde: You can't spell truth without Ruth! In Anspielung an den Rapper Notorius B. I. G. wird sie von vielen jungen Fans liebevoll „Notorius RBG" genannt. Und wer von dieser Superfrau nicht genug bekommen kann, deckt sich zusätzlich mit Kaffeetassen oder T-Shirts ein, die ihr Konterfei zieren.

1. Disziplin

Ist Disziplin in unserer Zeit eigentlich noch populär? Gehören dieser „altmodische" Begriff und diese preußische Tugend nicht der Vergangenheit an, wo Zucht und Ordnung noch das gesellschaftliche Bild prägten? Oder kann man diesen Verhaltensmodus auch in einem positiven Licht sehen? Nämlich dann, wenn er uns hilft, unseren Willen, unsere Gefühle und Neigungen zu beherrschen, um unsere Ziele zu erreichen. Oder wenn wir Disziplin brauchen, um unserem immer auf der Lauer liegenden Vierbeiner – dem inneren Schweinehund – die Stirn zu bieten. In solchen Kontexten wird Disziplin in Form von Selbstdisziplin zu einem Katalysator für die Erreichung unserer Ziele und damit potenziell zu einem Erfolgsfaktor für unser privates wie auch berufliches Leben.

Wenn wir von eben dieser Disziplin sprechen, darf der Marshmallow-Test nicht unerwähnt bleiben. Möglicherweise ist er Ihnen bereits aus der Literatur[243] oder aus der Werbung bekannt. Grundlage dieses Tests ist ein Experiment, das der Neuropsychologe Walter Mischel in den 1960er-Jahren in den USA entwickelt hatte. Seine Versuchspersonen waren Vorschulkinder, die jeweils allein in einem reizarmen Raum vor einem Marshmallow saßen. Die Aufgabe des jeweiligen Kindes war es nun, der süßen Versuchung für 20 Minuten zu widerstehen, um in den Genuss der Belohnung, nämlich zweier Marshmallows zu kommen. Die Kinder verhielten sich unterschiedlich. Manche Kinder wurden schon nach kurzer Zeit schwach. Entweder sie aßen den Marshmallow binnen kurzer Zeit auf oder betätigten die Klingel, um vorzeitig von dem Experiment erlöst zu werden. Andere waren in der Lage, sich 20 Minuten lang zu beherrschen. Einige Kinder überbrückten die 20 Minuten, indem sie Strategien oder Tricks entwickelten, um sich von der Süßigkeit abzulenken. Sie schlossen die Augen, stellten den Teller zur Seite, wippten herum, machten Musik oder zogen sich die Schuhe aus, um die süße Verlockung zu vergessen. Das Vermögen, eine in Aussicht gestellte Belohnung aufzuschieben, obwohl etwas Reizvolles zum Greifen nah ist, erfordert ein großes Maß an Disziplin, an Selbstkontrolle und Willensstärke.

Genau diese Parameter wollte Walter Mischel mit seinem Experiment messen. Erst später kam die Frage nach einer möglichen Korrelation zwischen frühkindlicher

Disziplin und beruflichem bzw. persönlichem Erfolg im Erwachsenenalter auf, die auch nicht gänzlich von der Hand zu weisen war. Nach Mischel brauchen wir uns aber keine Sorgen zu machen, wenn Disziplin nicht von Kindesbeinen an in uns angelegt ist, denn Selbstdisziplin/Selbstkontrolle lässt sich mithilfe von Strategien verbessern, ja sogar trainieren. Eine gute Nachricht für uns, eine schlechte für unseren inneren Schweinehund.

Mittlerweile gibt es unzählige Ratgeber für Disziplinlose, die sich mit der Frage beschäftigen, wie sie ihren inneren Schweinehund austricksen oder ihn motivieren können. Aber was ist mit denjenigen unter uns, die von Natur aus diszipliniert sind und ihren inneren Schweinehund kaum oder noch nie zu Gesicht bekommen haben? Hat schon mal jemand über die „Streber", über die Disziplinierten auf dieser Welt nachgedacht? Hat Selbstdisziplin möglicherweise auch eine „dunkle Seite", der wir uns zumindest bewusst werden sollten?

Dass es auch eine Kehrseite von Disziplin gibt, haben erst kürzlich die beiden Wissenschaftler Michail D. Kokkoris von der Wirtschaftsuniversität WU Wien und Olga Stavrova von der Universität Tilburg in den Niederlanden in einem Beitrag in der Harvard Business Review beschrieben.[244] Die Schattenseiten der Disziplin zeigen sich darin, dass ausgeprägt selbstdisziplinierte Menschen häufig einer hohen Arbeitsbelastung ausgesetzt sind. Denn aufgrund ihrer Fähigkeit zur Selbstkontrolle sind sie in der Lage, viele berufliche und private Themen gleichzeitig zu stemmen – allerdings häufig auf Kosten ihrer eigenen Bedürfnisse oder zulasten ihrer Arbeitszufriedenheit. Ebenso blicken disziplinierte Menschen häufig mit Reue auf ihr berufliches Leben zurück. Ihr tiefes Bedauern bezieht sich dann beispielsweise darauf, dass sie zu viel verpasst, zu viele Opfer erbracht, sich zu wenig den Freuden des Lebens hingegeben oder sich zu wenig um ihre Familie und ihre Freunde gekümmert haben. Selbstdisziplinierte Menschen beherrschen auch ihre Gefühle sehr gut. Das bedeutet, ihre Außenwelt nimmt sie häufig anders wahr als sie sich selbst. Dies kann auf beiden Seiten schnell zu Missverständnissen führen.

All das macht deutlich, dass auch disziplinierte Menschen ihrer Wunderwaffe etwas entgegensetzen sollten. Nur was? Walter Mischel rät zu einem gesunden Maß an Selbstdisziplin. Denn *„ein Leben voller Selbstkontrolle ist wie ein ungelebtes Leben"*[245], so Mischel. Welche Freude eine gute Balance zwischen Disziplin und Disziplinlosigkeit bringen kann, wusste bereits Heinrich Heine:

Himmlisch war's, wenn ich bezwang
Meine sündige Begier,
Aber wenn's mir nicht gelang,
Hatt' ich doch ein groß Pläsier.

Kokkoris und Stavrova raten stark disziplinierten Menschen zu mehr Mitgefühl sich selbst gegenüber. Selbstmitgefühl als Gegenpol kann dazu führen, achtsamer mit sich selbst umzugehen, gütiger auf sich zu schauen, seine eigenen Schwächen und Grenzen zu akzeptieren, um sich schlussendlich auch realistischere Ziele zu setzen. Welche Strategien können wir aus all dem für uns ableiten, um unsere Disziplin in eine gute Balance zu bringen?

Wenn sich mal wieder „alle" auf uns verlassen wollen, könnten wir einfach Nein sagen, um nicht in die Falle der kontinuierlichen Arbeitsüberlastung zu tappen. Wir könnten einen Tages-, Wochen- oder Monatsplan führen, in dem wir feste Zeiten für Familie, Freunde, Hobbys oder andere Vergnügungen eintragen, um nicht später reuevoll auf die Freuden zu schauen, die uns entgangen sind. Wir könnten für uns Bereiche definieren, bei denen es nicht darum geht, Ziele mit Disziplin zu erreichen. Generell könnten wir uns Verbündete suchen, zum Beispiel eine gute Freundin oder einen guten Freund, die bzw. der uns regelmäßig Spontanität und Flexibilität abverlangt. Wir könnten uns auch fragen, ob wir unser aktuelles Ziel vielleicht auch dann erreichen, wenn wir uns mehr Freiräume zur Erholung, für Müßiggang und Dolce Vita zugestehen.

Schauen wir auf Ruth Bader Ginsburg. Wie versuchte die Richterin, ihre eiserne Disziplin in Balance zu bringen? Als ihr Mann Marty noch lebte, hatte er für entsprechende Abwechslung gesorgt. Später schaffte sich RBG ihre eigenen vergnüglichen Momente, abseits ihrer Arbeit und ihres strengen wöchentlichen Fitnessprogramms. Beispielsweise ging sie gerne und regelmäßig in die Oper. Dort ließ sie sich von der Schönheit der Musik und dem Klang der Stimmen überwältigen, gab sich ihr hin und konnte auf diese Art und Weise ihre Akten vergessen. Dabei fand sie zu einer inneren Ruhe, die ihr neue Kraft für die nächsten Tage und für ihre Arbeit gab. Über den passiven Genuss von Musik hinaus war sie selbst in einigen Opern aktiv. Sehr zu ihrem eigenen Vergnügen und dem des Publikums hatte sie in verschiedensten Aufführungen kleine Sprechrollen übernommen. Ein schöner und unerwarteter Ausgleich zu der vielen Arbeit, finden Sie nicht auch?

Extrameile für Ihr Charisma: Selbstkontrolle – do it yourself!

Wenn wir nicht wie Ruth Bader Ginsburg über eine eiserne Disziplin verfügen, für die sie mittlerweile legendär ist, könnten wir dennoch bestimmte Strategien entwickeln, um unserer Selbstkontrolle auf die Sprünge zu helfen. Vermutlich wissen Sie, dass es uns leichter fällt, diszipliniert bei der Sache zu bleiben, wenn wir sämtliche mögliche Ablenkungen oder Verlockungen aus unserer Nähe verdammen. Ebenso könnten wir unsere Selbstkontrolle kultivieren, indem wir uns die Kraft unserer Gedanken zunutze machen und den Dingen eine andere mentale Bedeutung geben.[246]

Nehmen wir das Beispiel Mitarbeitergespräche. Angenommen, Sie halten von diesem Führungsinstrument rein gar nichts, empfinden es als lästige Pflicht, als zwangsverordnet und als pure Zeitverschwendung. Aus dieser Blickrichtung heraus werden Sie diese Vier-Augen-Gespräche vermutlich auf die lange Bank schieben, vielleicht nur halbherzig und damit für Sie und den Mitarbeiter unbefriedigend umsetzen. Was wäre, wenn Sie solche Gespräche fortan unter anderen Vorzeichen sehen würden? Wenn Sie sie so gestalten würden, dass es nicht nur darum geht, standardisierte Formulare auszufüllen?

Mitarbeitergespräche könnten das Potenzial eines guten Führungsinstruments haben, wenn sie beispielsweise gründlich vorbereitet würden und sie Raum für einen respektvollen gegenseitigen Umgang ließen, in dem einander zugehört wird und es darum geht, einen Konsens zu finden. Vielleicht wäre auch ein neuer Gesprächsort ein guter Impuls, um dem Mitarbeitergespräch eine bessere Qualität zu verleihen.

Auch bei unserer Selbstkontrolle könnten wir steuernd eingreifen, indem wir beispielsweise Handlungen bzw. Abläufe habituell werden lassen. Dabei hilft das sogenannte „Wenn-dann"-Prinzip. Wollen wir zum Beispiel in unseren beruflichen Alltag mehr Bewegung einbauen, könnten wir festlegen, dass wir bei internen Gesprächen unseren Gesprächspartner persönlich aufsuchen, statt ihn anzurufen. Um Ablenkungen in Meetings zu vermeiden, könnten wir unsere Handys vorher bei der Assistenz abgeben oder einfach abschalten. Bei diesen Wenn-dann-Plänen ist Kreativität und manchmal auch Unterstützung durch das soziale Umfeld gefragt. Also: Reden Sie über Ihre neuen Selbststeuerungsstrategien und suchen Sie nach Verbündeten, die Sie bei der Umsetzung unterstützen. Vielleicht gelingt dies ja sogar wechselseitig?!

2. Respekt

> „All I'm askin is for a little respect (...) R-E-S-P-E-C-T,
> find out what it means to me (...)"
> Aretha Franklin – Respect[247]

Was bedeutet Respekt für uns? Fest steht, dass sich ihn jeder wünscht. Respekt ist das Schmiermittel für jede gute Beziehung, der Kitt, der menschliche Beziehungen stärkt und wachsen lässt. Doch wie lässt er sich definieren? Wie drückt er sich aus? Was vermag er zu leisten? Was ist, wenn er fehlt?

Respekt ist kein trennscharfer Begriff. Häufig wird er in einem Zuge mit Höflichkeit, Rücksicht, Achtung, Ehrfurcht, Anerkennung, Wertschätzung, Gehorsam und Autorität genannt. Um den Begriff im Kontext Führung besser greifbar zu machen, wird er von der Respektforschung in zwei Dimensionen unterteilt.[248] Diese unterscheidet zwischen vertikalem Respekt (appraisal respect) und horizontalem Respekt (moral recognition respect). Doch was steckt dahinter?

Respekt auf vertikaler Ebene stellt sich in der Regel dann ein, wenn wir andere beispielsweise aufgrund besonderer Fähigkeiten oder aufgrund ihres hohen Fachwissens anerkennen. Diese Form von Respekt basiert auf einer vorgenommenen Bewertung des Respektempfängers durch den Respektgeber und ist damit auch immer bedingt. In der Führung kann sich das so darstellen, dass Mitarbeiter ihren Vorgesetzten wegen seiner hervorragenden Fachkenntnisse oder seines fairen Führungsverhaltens Respekt entgegenbringen. Es liegt nahe, dass vertikaler Respekt Einfluss- und Machtprozesse begünstigen kann. Umso verantwortlicher und kritischer sollte mit dieser Dimension von Respekt umgegangen werden.

Respekt in Form von Anerkennung hat jedoch nichts mit dem Respekt in der folgenden Aussage zu tun: „Ich habe großen Respekt vor der kommenden Aufsichtsratssitzung." In diesem Zusammenhang ist eher Angst und nicht Anerkennung gemeint.

Respekt auf horizontaler Ebene beginnt dort, wo wir andere Menschen als gleichwertig oder im Sinne des Philosophen Immanuel Kant (1724–1804) als prinzipiell gleich achtungswürdig betrachten. Horizontaler Respekt ist damit Ausdruck einer Haltung, die dazu führt, dass sich unser Gegenüber von uns respektiert fühlt. Dies ist nach Kant nicht der Fall, wenn Menschen andere Menschen lediglich als Mittel für ihre eigenen Zwecke benutzen.[249] Horizontaler Respekt ist ebenfalls Ausdruck eines Umgangs, der das oberste Verfassungsprinzip (Art. 1 Abs. 1 GG), also die Menschenwürde, beherzigt. Demnach ist die Würde eines jeden Menschen unantastbar und nicht nur dem Staat, sondern jedem Einzelnen von uns obliegt es, diese zu achten und mit rechtmäßigen Mitteln zu schützen. Horizontaler Respekt ist somit bedingungslos, das bedeutet, „man muss nichts haben oder leisten, um diesen zu verdienen".[250]

Menschen, die diese Art von Respekt verinnerlicht haben, begegnen anderen Menschen per se in einer positiven Grundhaltung. Witze auf Kosten anderer sind ihnen fremd. Sie werden ihr Gegenüber nicht geringschätzig oder herablassend behandeln, noch werden sie Menschen demütigen, missachten oder gar verachten. Erwartet horizontaler Respekt somit, dass wir jeden und alles respektieren müssen? Oder sind dem auch Grenzen gesetzt? Was würden Sie sagen?

An dieser Stelle hilft uns ein christlicher Ansatz weiter, der sich in einem Satz des heiligen Benedikt von Nursia (480–557 n. Chr.) ausdrückt: „Die Brüder lieben, die Fehler hassen."[251] Wir sollten also ausnahmslos jedem Menschen als Person Respekt entgegenbringen, aber nicht zwingend dem, was er denkt, sagt oder tut. Diese Betrachtungsweise erlaubt uns, bei Meinungsverschiedenheiten oder Konflikten die Person von der Sache zu trennen, um eine funktionierende Auseinandersetzung zu führen. Aber auch diese Sichtweise hat ihre Grenzen, nämlich dort, wo wir persönlich angegriffen werden, sei es in Form von Beleidigungen, Drohungen oder gar tätlichen Handlungen. Denn aus Respekt uns selbst gegenüber, haben wir auch die Verpflichtung, uns gegen solche Angriffe zur Wehr zu setzen.[252] Dass dies legitim ist, zeigt uns ein kurzer Exkurs in die Rechtswissenschaft.

Nach dem Strafgesetzbuch haben wir das Recht, uns gegenüber einem Angreifer zur Wehr zu setzen, vorausgesetzt, der Angriff ist gegenwärtig und rechtswidrig, der Abwehrende handelt mit Verteidigungswillen und wendet dabei das mildeste ihm zur Verfügung stehende Mittel an. Man nennt dieses Szenario auch Notwehrhandlung, die in § 32 Strafgesetzbuch (StGB) geregelt ist.

Kehren wir von diesem kleinen rechtlichen Exkurs wieder zurück zur respektvollen Führung. Welche Dimension des Respekts ist in der Mitarbeiterführung tonangebend? Wann fühlen sich Mitarbeiter von ihren Vorgesetzten respektiert? Wie und mit welcher Haltung kann horizontaler Respekt von Führungskräften ausgestaltet werden? Ausgehend von einer Studie aus dem Jahr 2010, an der 426 Personen teilnahmen, wurde eine Skala für respektvolle Führung formuliert.[253] Zudem wurden drei Teilbereiche erkennbar, die in ihrem Zusammenwirken respektvolle Führung prägen, nämlich:

- respektbasierte Umgangsformen
- respektbasierte Zusammenarbeit
- respektbasierte Beziehung zwischen Führungskraft und Mitarbeitern

Lassen Sie uns auf die einzelnen Aspekte kurz eingehen.

Woran erkennen wir **respektbasierte Umgangsformen**? Und welche Umgangsformen empfinden wir als respektlos? Hier ist das Erleben häufig individuell unterschiedlich. Dennoch wird es von den meisten Menschen als unhöflich empfunden, wenn man sie zum Beispiel nicht ausreden lässt bzw. sie beim Reden unterbrochen werden. Ebenfalls wird die Äußerung von unsachlicher Kritik als respektlos erlebt, ganz besonders dann, wenn ein solch inadäquates Statement in großer Runde abgegeben wird. Da Respekt aber keine Einbahnstraße ist, gelten respektbasierte Umgangsformen sowohl für Mitarbeiter untereinander als auch zwischen Mitarbeitern und Führungskraft.

Worauf basiert eine **respektbasierte Zusammenarbeit**? Eine Zusammenarbeit wird beispielsweise dann als respektvoll empfunden, wenn Mitarbeiter sich ernstgenommen fühlen, wenn ihr Arbeitseinsatz, mag er noch so gering sein, anerkannt wird und sie die Sinnhaftigkeit ihrer Arbeit verstehen oder ihnen diese durch die Führungskraft vermittelt wird. Hierzu gibt es eine schöne Anekdote über John F. Kennedy[254]:

Bei einem Besuch der NASA in Cape Canaveral, Florida, fragte Kennedy eine Reinigungskraft in lockerer Manier, was sie denn hier mache. Der Mann antwortete daraufhin: „Ich helfe dabei, einen Mann zum Mond zu bringen." Die Anekdote zeigt, was es bedeutet, wenn Mitarbeiter sich respektiert fühlen und einen Sinn in ihrer Arbeit sehen. Vielleicht ist dies die vornehmste und wichtigste Aufgabe von Führung überhaupt.

Worauf basiert nun eine **respektbasierte Beziehung zwischen Führungskraft und Mitarbeiter**? In Unternehmen wird eine respektvolle Beziehung häufig daran bemessen, ob die Führungskraft den Mitarbeitern auf Augenhöhe begegnet. Sie kann sich ebenfalls darin zeigen, dass die Führungskraft aufmerksam hin- und zuhört, dass sie den Mitarbeitern den Rücken stärkt und sich, wenn nötig, gegenüber Dritten schützend vor ihre Mitarbeiter stellt.

Abschließend stellt sich die Frage, was respektvolle Führung unter der Maßgabe, dass sie authentisch erfolgt, für den Einzelnen als auch für das Unternehmen bewirken kann.

Aufrichtige, respektvolle Führung – das kennen wir aus eigener Erfahrung – wirkt sich positiv auf unser Gegenüber und damit auch auf die Arbeitsbeziehung aus. Laut Respektforschung ist es tatsächlich so, dass „Mitarbeiter umso mehr Einfluss von ihrer Führungskraft zulassen, je mehr sie sich durch die Führungskraft respektvoll behandelt fühlen."[255]

Wenn Sie nachlesen möchten, inwieweit horizontaler Respekt Ihr eigenes Führungsverhalten prägt, empfehle ich einen Blick auf die Skala „Respektvolle Führung" der Respect Research Group, einer interdisziplinären Forschungsgruppe und Think Tank der Universität Hamburg.[256]

Von Ruth Bader Ginsburg wissen wir, dass ihr von ihren Fans sehr viel vertikaler Respekt entgegengebracht wurde. Aber auch ihre politischen Gegner konzedieren, dass sich die politische Landschaft unter ihrem Einfluss gravierend gewandelt habe – insbesondere vor dem Hintergrund ihrer wegweisenden Urteile zur Gleichheit der Geschlechter, der zahlreichen Anti-Diskriminierungsgesetze und ihrer Sondervoten als Richterin am Supreme Court. Für diesen beharrlichen Kampf gegen jede Form der Diskriminierung wurde und wird sie noch heute von vielen Menschen respektiert, anerkannt und verehrt, gleichwohl es auch vereinzelte Stimmen gab, die sie verhöhnten, verteufelten und gar als verfassungsfeindlich bezeichnet haben.

In einem Interview, das die Züricher Zeitung im Jahr 2015 mit ihr geführt hat[257], beschrieb Ruth Bader Ginsburg, dass sie in ihrer gesamten beruflichen Laufbahn nie ein solch hohes Maß an gegenseitigem Respekt erlebt habe, wie am Supreme Court, obwohl unter den Richterinnen und Richtern häufig gravierende Meinungsunterschiede herrschten. Beispielhaft nannte sie dazu den Fall Bush gegen Gore im Jahr 2000, bei dem der oberste Gerichtshof zum ersten Mal in seiner Geschichte eine Präsidentschaftswahl entschied. Trotz der harschen Debatten und des knappen Ergebnisses, waren fast alle Mitglieder des Gerichts nach einer Woche wieder in der Lage, die Meinungsverschiedenheiten beiseitezulegen und einen normalen Umgang zu pflegen.

Bemerkenswert war auch Ruth Bader Ginsburgs von Respekt getragene Beziehung zu ihrem verstorbenen Richterkollegen Antonin Scalia. Politisch gehörte er dem konservativen Flügel an, sie dem liberalen. Ihre Rechtsauffassungen lagen teilweise diametral auseinander. Er war gegen die Homo-Ehe, sie dafür und dennoch pflegten sie ein kollegiales Verhältnis, das von hohem gegenseitigem Respekt geprägt war. Beispielsweise gaben sie einander vor öffentlichen Verhandlungen ihre schriftlichen Ausarbeitungen zur Vorbereitung, um in der Sitzung eine „respektvolle, nicht zu polarisierte Debatte"[258] zu gewährleisten. Privat pflegten sie darüber hinaus eine freundschaftliche Beziehung, besuchten sich gegenseitig und fuhren mit ihren Familien gemeinsam in den Urlaub.

Dieses bemerkenswerte Verhältnis zwischen Ruth Bader Ginsburg und Antonin Scalia sowie ihre tiefe freundschaftliche Beziehung inspirierten den Komponisten und damaligen Jurastudenten Derrick Wang im Jahr 2015 unter dem Titel „We are different. We are one." die Oper „Scalia/Ginsburg" ins Leben zu rufen, die durchaus unterhaltsam darlegt, dass sich zwei Menschen trotz gravierender Meinungsverschiedenheiten und Ansichten wechselseitig wertschätzen können.

Extrameile für Ihr Charisma: Respect yourself!

„Um fremden Wert willig und frei anzuerkennen und gelten zu lassen, muss man eigenen haben."
Arthur Schopenhauer, deutscher Philosoph (1788–1860)

Respekt können wir anderen nur dann zollen, wenn wir ihn in uns tragen, wenn wir uns selbst Respekt entgegenbringen. Dies gelingt uns nicht immer. Wahrscheinlich kennen Sie auch Momente, in denen Sie zu hart mit sich selbst ins Gericht gehen. Momente, wo Sie sich mit anderen vergleichen und das Gras auf der anderen Seite grüner ist. Situationen, in denen Ihr innerer Kritiker zur Höchstform aufläuft und Sie wenig respektvoll mit sich selbst umgehen. Aber es ist gerade dieser Selbstrespekt, den wir brauchen, wenn uns selbst Unhöflichkeiten, Ungerechtigkeiten, unsachliche Kritik, Abwertungen oder Missachtung entgegengebracht werden. Denn „*Respekt hilft gegen Respektlosigkeit*"[259], er ist die abwehrende Kraft, die uns nicht zum Opfer der Respektlosigkeit anderer werden lässt.

Wenn wir uns selbst respektieren, bedeutet das, dass wir uns selbst so annehmen, wie wir sind – mit unseren Stärken, aber auch mit unseren Schwächen, mit unseren Bedürfnissen, mit unserer Andersartigkeit, mit unseren Fehlern, aber auch mit unseren Talenten. Respekt kommt vom lateinischen Wort „respicere", was wörtlich übersetzt bedeutet „zurücksehen auf" oder „nochmals hinsehen", weiter gefasst auch „berücksichtigen, beachten".[260]

Wenn wir uns selbst nicht beachten, uns nicht ernst nehmen, uns nicht würdigen, warum sollten es dann andere tun?!

3. Humor

Wenn wir an eine 87-jährige introvertierte Richterin am Obersten Gerichtshof der Vereinigten Staaten von Amerika denken, mit weißem Spitzenkragen auf schwarzer Robe, großer Brille und streng zurückgekämmtem, gräulich meliertem Haar, dann ist Humor wahrscheinlich das Letzte, was wir assoziieren würden. Doch Ruth Bader Ginsburg liebte den Humor und liebte Menschen mit Humor, wie zum Beispiel ihren Ehemann Marty, über dessen humorige Art sie sich regelmäßig köstlich amüsieren konnte. Ruth Bader Ginsburgs eigener Humor hatte eher leise Töne und einen ganz speziellen Charme. In einem Interview mit der Radiokorrespondentin Nina Totenberg zusammen mit ihrem Kollegen, Richter Scalia, gibt es eine kleine Passage, die dies veranschaulicht. Als Totenberg die beiden auf ein gemeinsames Urlaubserlebnis anspricht, antwortet Scalia (von korpulenter Gestalt): „Einige ihrer feministischen Freundinnen haben geschimpft, dass sie bei dem Elefantenritt hinter mir gesessen hat." Daraufhin kommentiert Ruth Bader Ginsburg (klein und zierlich): „Der Elefantenführer sagte, er müsste das Gewicht richtig verteilen." Scalia, der hier im Grunde durch den Kakao gezogen wurde, musste über Ginsburgs feinen, differenzierten und in keiner Weise verletzenden Humor herzlich lachen, während Ruth leise in sich hinein schmunzelte.

Ruth Bader Ginsburgs Sinn für Humor muss im Zusammenhang mit ihrer hohen Amtsstellung betrachtet werden. Als Richterin des Obersten Gerichtshofs bekleidete sie ein Amt, das vor allem für Würde, Macht und großen gesellschaftlichen und politischen Einfluss steht. Entsprechend groß war ihr Ansehen in der Gesellschaft, ihre Autorität und ihr Status, den sie immerhin auf Lebenszeit innehatte. Je höher der persönliche Status, umso größer waren jedoch die Distanz, die Unabhängigkeit und die Unnahbarkeit in der Außenwirkung. Mit ihrem subtilen Humor gelang es Ruth Bader Ginsburg, diese Außenwirkung zu lockern. Durch ihr Schmunzeln und das Lachen, das sie bei anderen durch ihre humorigen Äußerungen auslöste, reduzierte sie die Entfernung zwischen sich und ihren Zuhörern. Hier bewahrheitet sich ein bekanntes Bonmot von Victor Borge:

„Die kürzeste Entfernung zwischen zwei Menschen ist ein Lächeln."
Victor Borge, dänisch-amerikanischer Pianist und Komödiant (1909—2000)

Ihr feiner zurückhaltender Humor ließ sie sympathisch, nahbar und damit höchst menschlich erscheinen. Es war ihr Humor, mit dem sie zu den Menschen vordrang und sie zu bewegen vermochte.

Ruth Bader Ginsburgs Humor zeigte sich auch darin, dass sie sich nicht davor scheute, sich selbst auf die Schippe zu nehmen. In dem sehr empfehlenswerten Dokumentarfilm über Bader Ginsburg *Ein Leben für die Gerechtigkeit* wird sie von einem Fan angesprochen, ob sie zu einem Selfie mit ihm bereit wäre. Ruth Bader Ginsburg kommentiert diesen Wunsch nach einem Foto mit den Worten: *„Ich bin 84 und alle wollen ein Foto mit mir!"* Sie macht sich also selbst ein wenig über ihre Rolle als Fotomodell lustig. Dadurch senkt sie ihren eigenen Status und erhöht gleichzeitig den Status des anderen. Mittels Humors hebt sie sozusagen den bittenden Fan auf ihre Ebene und stellt Augenhöhe her.

Auch über ihre eigene Parodie konnte sie herzlich lachen. In der Comedy-Show Saturday Night Live stellt Comedian Kate McKinnon als Ruth Bader Ginsburg in Richterrobe verkleidet dem Publikum die Frage: „Was tragen Bundesrichter unter ihren Talaren?" Pause. „Die Zukunft Amerikas." Die Parodierte zu dieser Passage: *„Wunderbar lustig."*

Übrigens gilt das Lachen über sich selbst als Königsdisziplin des Humors. Emil Herzog, auf den wir gleich noch zu sprechen kommen, ist der Überzeugung, dass eine charismatische Persönlichkeit „keine Angst hat, ihr Gesicht zu verlieren. Echter Humor zeugt von Größe."[261] Auch dazu gibt es eine kleine Anekdote von Ruth Bader Ginsburg, die sich darauf bezieht, dass sie während einer Rede Obamas offenbar eingenickt war. Auf die Frage einer Reporterin, die auf diesen Vorfall Bezug nimmt, antwortete Ruth mit einem charmanten Lächeln: *„Das passiert mir oft. Die Zuschauer bleiben wach, weil sie immer wieder aufstehen können. Aber wir Richter müssen stocksteif dasitzen und nüchtern aussehen. Aber wir waren nicht ganz nüchtern – zumindest ich nicht."*[262] Natürlich hatte sie die Lacher auf ihrer Seite. Überdies zeigt sich an dieser kleinen Episode, wie sehr Humor auch entwaffnen kann. Wenn die Richterin des Supreme Court selbst über ihr kleines Nickerchen lachen kann, bietet sie keine Angriffsfläche für Kritik.

Neben den Eigenschaften Disziplin und Respekt erhielt Ruth Bader Ginsburgs Humor eine ganz besondere Qualität. Hier paarte sich etwas miteinander, das nicht häufig zu finden ist und vielleicht gerade deswegen einen hohen charismatischen Wert besitzt. Denn was wäre Humor, wenn er ohne Disziplin und ohne Respekt vorgetragen würde? Oder fragen wir anders: Wirken Menschen auf Sie charismatisch, die Witze auf Kosten anderer zum Besten geben? Die sich über andere Menschen, über deren Fehler oder Unzulänglichkeiten ungebremst lustig machen? Wohl kaum. Der Humor von Ruth Bader Ginsburg wirkte dagegen wie ein sympathischer Türöffner und stellte eine kommunikative Verbindung zwischen Menschen her. Diese Art von Humor schafft es, Schleusen zu öffnen, Statusdistanz zu überbrücken, ohne dass dabei der gegenseitige Respekt verloren geht. Er schafft es, eine zwischenmenschliche Brücke herzustellen, so dass man sich auf Augenhöhe begegnen kann.

Humor kann also einen großen sozialen Nutzen haben – sofern er nicht abschätzig oder verletzend gemeint ist. Und zweifellos sorgt diese positive und wertschätzende Form von Humor auch für gute Stimmung. Da wir wissen, dass gute Stimmung auch zu guten Leistungen führt[263], muss die Frage erlaubt sein, ob Humor auch im Business von Relevanz sein kann. Oder hat Humor im Business nichts zu suchen? Ist spätestens dort Schluss mit lustig?

Die Kombination von Humor und Führung ist tatsächlich kein unbeschriebenes Blatt. Zu den Pionieren der „Humor-im-Business-Bewegung" im deutschsprachigen Raum gehört der 2018 verstorbene Schweizer Kabarettist und Humortrainer Emil Herzog.[264] Der ehemalige Marketingmanager (Nestlé, Unilever) setzte Humor sowohl in der Führung wie bei Präsentationen ein. Denn Humor stellt keinen Widerspruch zu Ernsthaftigkeit oder pflichtbewusster Arbeit dar, wie wir bei Ruth Bader Ginsburg gesehen haben. Vielmehr hilft er dabei, Abstand zu gewinnen, auch zu sich selbst, Situationen zu deeskalieren und Spannungen zu lösen. Würden Dinge ausnahmsweise spielerisch und mit Humor betrachtet, würde das viele Schleusen öffnen. „Wenn jemand ein reiner Manager ist, der plant, koordiniert und kontrolliert, dann braucht es keinen Humor. Ein Leader aber, der Kreativität fördern, Beziehungen gestalten und Stress abbauen will, tut gut daran, auf Humor zu setzen."[265] Was in dem Wort aus fünf Buchstaben noch steckt, zeigt Herzogs Verwendung des Worts Humor als Akronym: Das H stehe für **H**eiterkeit, das U für **U**nterhaltung, das M für **M**enschlichkeit, das O für **O**riginalität und das R für **R**espekt.[266]

Verstehen wir darüber hinaus Humor als Einstellung zum Leben und zu unseren Mitmenschen, kann er uns ebenfalls dabei helfen, „negativen Situationen positive

Seiten abzugewinnen", bestenfalls gefolgt von einem Lächeln oder einer Erheiterung, so der Schweizer Humorforscher Willibald Ruch.[267] In diesem Kontext wirkt unser Humor „wie der Knopf, der verhindert, dass der Kragen platzt"[268] oder wie die Kraft, die unser Charisma zum Klingen bringt.

Lassen Sie uns abschließend noch einmal in eine Szene aus dem Führungsalltag springen, um unseren eigenen Humor auf den Prüfstand zu stellen. Dazu ein Beispiel.

BEISPIEL:

Da ein Mitarbeiter wiederholt zu spät zur Arbeit kommt, rügt ihn der Chef: „Sie kommen heute zum vierten Mal in dieser Woche zu spät zur Arbeit. Was schließen Sie daraus?" Der Mitarbeiter: „Es ist Donnerstag."

Und – haben Sie gelacht? Oder fanden Sie die Antwort eher frech und unverschämt? Überlegen Sie gerne einmal, wie Sie reagiert hätten. Fest steht, dass ein gemeinsames Lachen mit dem betreffenden Mitarbeiter die Situation sicher entschärft und Ihre Souveränität und Ihr Charisma unterstrichen hätte.

Falls Sie abschließend daran interessiert sind, wie es um Ihren Humor steht und zu welchem Humortyp Sie gehören, könnten Sie es riskieren, die 50 Fragen aus dem Buch von Petra Wüst *Don't worry, be funny!*[269] zu beantworten. Denn Humor ist nicht gleich Humor. Humor ist so unterschiedlich wie wir Menschen. Je nachdem, ob Sie es eher lieben, andere zu foppen oder über intelligente Wortspiele lachen, gehören Sie vielleicht zum Humortyp des „Provokateurs" oder des „Wortakrobaten". Testen Sie Ihren individuellen Humortyp doch einfach einmal online auf der Seite von Petra Wüst.[270]

Extrameile für Ihr Charisma: You name it!

Wie nehmen Sie den Moment wahr, wenn ein anderer Mensch Sie anlächelt oder Ihnen gar ein lautes Lachen schenkt? Sei es, weil Sie einen charmanten Witz gemacht oder ihn durch Ihr eigenes Lachen angesteckt haben. Fühlt es sich nicht gut an? Diesen abschließenden Gedanken möchte ich Ihnen mit auf den Weg geben. Humor tut nicht nur uns selbst gut, sondern auch den Menschen, mit denen wir tagtäglich zu tun haben. Und Humor bringt unser Charisma immer wieder aufs Neue zum Klingen. Er lädt andere ein, an unserer guten Stimmung teilzuhaben und lässt uns attraktiver und damit anziehender wirken. Humor ist Ausdruck unserer Selbstwirksamkeit. Lassen Sie uns unsere Ressource Humor deshalb proaktiv nutzen. Lassen Sie uns Menschen zum Lachen oder gar zum Strahlen bringen. Lassen Sie uns für gute Stimmung und damit auch für ein besseres Arbeitsklima sorgen. Mit Humor als Teil unseres Charismas können wir die Menschen um uns herum ein bisschen fröhlicher und vielleicht sogar glücklicher machen. Lassen Sie uns nicht auf andere oder bessere Zeiten warten, sondern seien wir selbst die Veränderung, die wir uns für unsere Welt wünschen.

„Be a voice, not an echo!"
Albert Einstein, deutscher Physiker (1879–1955)

Wie wir zwischenzeitlich alle wissen, ist diese große Kämpferin für Gleichberechtigung am 18. September 2020 im Alter von 87 Jahren an den Folgen einer Krebserkrankung verstorben. Zu früh in ihren eigenen Augen. Gerade deshalb, weil nun das oberste neunköpfige Rechtsprechungsorgan – der Supreme Court – unter der derzeitigen Präsidentschaft droht, in ein konservatives Übergewicht zu rutschen. Zu früh in den Augen derer, die an Gleichberechtigung vor dem Gesetz glauben, unseren Planeten schützen und Demokratie wahren wollen. Zu früh in den Augen derer, deren Stimmen ebenfalls für Objektivität, Integrität und Wahrheit stehen.

Was uns bleibt, sind die Erinnerungen an eine bemerkenswerte, charismatische Persönlichkeit, an ein Idol, Vorbild und einen Menschen, der auch nach seinem Tod inspirierend, orientierend und anziehend auf uns wirkt.

DIE REISE
GEHT WEITER

Wir sind unsere gemeinsame Reise angetreten, um die Faktoren zu entdecken, die unser Charisma zum Klingen bringen können. Wir haben sie bei sechs verschiedenen charismatischen Persönlichkeiten beobachtet, näher beleuchtet und verfügen damit nun über einen wertvollen Schlüssel zu mehr charismatischer Ausstrahlung – dem Charisma-Code 5¾. So weit so gut. Doch Wissen allein reicht in der Regel nicht. Deshalb wünsche ich mir für Sie, dass Sie sich im Nachklang zu unserer Reise den Faktor oder die Faktoren heraussuchen, mit dem bzw. denen Sie nun Ihre persönliche Charisma-Reise fortsetzen möchten.

Lassen Sie uns deshalb die Faktoren nochmals kurz betrachten. Die nachfolgende Tabelle schlüsselt den Code mit seinen Untermerkmalen zur besseren Übersicht noch einmal auf. [271]

Coco Chanel	Martin Luther King	Willy Brandt	Barack Obama	Elisabeth Selbert	Ruth Bader Ginsburg
FAKTOR 1: PERSÖNLICHKEIT	FAKTOR 2: VISION	FAKTOR 3: BEZIEHUNGSINTELLIGENZ	FAKTOR 4: WIRKUNGSINTELLIGENZ	FAKTOR 5: AUTHENTIZITÄT	FAKTOR 5¾: BEMERKENSWERT
Selbstvertrauen	Ziele	Empathie	Rhetorik	Werte	Disziplin
Selbstverantwortung	Strategie	Weise Kommunizieren	Körpersprache	Entschlossenheit	Respekt
Selbstbewusstsein	Inspiration	Resonanz	Stimme	Konsistenz	Humor
Selbstliebe	Resilienz	Menschlichkeit	Äußere Erscheinung	Mut	

Welcher Charisma-Faktor und welches dazugehörige Untermerkmal sticht Ihnen besonders ins Auge? Welche der vorgestellten Persönlichkeiten hat Sie am meisten beeindruckt oder ist Ihnen am besten im Gedächtnis geblieben? Suchen Sie sich den

Aspekt heraus, der Sie anlächelt, der Ihnen wichtig oder gar dringend erscheint. Nehmen Sie sich Stift und Zettel zur Hand oder besser noch ein kleines Notizbuch, in dem Sie Ihre persönlichen Charisma-Entdeckungen, -Erfahrungen und -Beobachtungen regelmäßig eintragen können.

Das Buch stellt Ihnen ausreichend Fragen, gibt Anregungen und viele Denkanstöße, um nun diese Reise zu Ihrer ganz persönlichen zu machen. Hierfür wünsche ich Ihnen einen wachsamen Geist. Und seien Sie bitte nicht allzu kritisch mit sich selbst. Gehen Sie liebevoll und nachsichtig mit sich um, erfreuen Sie sich auch an den kleinen Erfolgen, bleiben Sie Mensch und ehrlich zu sich selbst, lassen Sie zwischendurch die Seele baumeln, nehmen Sie sich Zeit auch für die scheinbar unwichtigen Dinge, erinnern Sie sich immer wieder daran, Leichtigkeit und Humor in Ihr Leben zu holen. Und vor allen Dingen: Passen Sie bitte gut auf sich auf und bleiben Sie gesund!

Ihre
Christiane Deters

Essen, September 2020

ANHANG

Endnotenverzeichnis

1 Holscher, M.: „Obama in Köln". – www.spiegel.de/politik/ausland/barack-obama-in-koeln-ich-habe-dinge-in-eine-bessere-richtung-gelenkt-a-1261360.html
Herkenrath, L.: Wirken kommt vom Selbst. Ein Praxishandbuch für Ihren Auftritt. Rutschbahn Verlag, Hamburg 2019.
3 Radlbeck-Ossmann, R.: Was ist Charisma? Und wer ist ein charismatischer Mensch? In: Euangel. Magazin für Missionarische Pastoral 1/2015. – ebenso die nachfolgenden Zitate.
4 Tskhay, K. O.: Charisma in Everyday Life: Conceptualization and Validation of General Charisma Inventory. Universität Toronto 2016, S. 25.
5 Lang, R./Rybnikova, I.: Aktuelle Führungstheorien und -konzepte. Springer Gabler, Wiesbaden 2014, S. 96.
6 Antonakis, J./Fenley, M./ Liechti, S.: Charisma ist lernbar. In: Harvard Business Manager, August 2012, S. 55.
7 ebd.
8 Sieger, N.: Coco Chanel. Paris der 1920er und das bewegte Leben einer Modeikone. Herder, Freiburg 2018. – Die nachfolgenden Zitate im Kapitel „Charisma-Faktor 1" entstammen dieser Biografie, sofern nicht anders angegeben.
9 Ofman, D.: Hallo, ich da …?! Entdecke deine Kernqualitäten mit dem Kernquadrat. deBoom Verlag, Kiesby 2010.
10 ebd. S. 21.
11 Heß, H.: Erzählbar. 111 Top-Geschichten für den professionellen Einsatz in Seminar und Coaching. ManagerSeminare, Bonn 2015, S. 56.
12 Collin, C./Benson, N./Ginsburg, J./Grand, V./Lazyan, M./Weeks, M.: Das Psychologie Buch. Dorling Kindersley, München 2012.
13 Mourlane, D.: Resilienz. Die unentdeckte Fähigkeit der wirklich Erfolgreichen. Business Village, Göttingen 2019.
14 vgl. www.zeit.de/karriere/beruf/2015-08/positives-denken-karriere-job
15 Tan, Ch.-M.: Search Inside Yourself. Goldmann, München 2015.
16 ebd.

ANHANG

[17] vgl. www.deutschlandfunkkultur.de/achtsamkeit-2-0-wie-das-silicon-valley-unsere-seelen-retten.3720.de.html?dram:article_id=374733

[18] vgl. https://kulturwandel.org/gespraech/sap-peter-bostelmann/

[19] www.youtube.com/watch?v=9VqyS5-eQ3k

[20] Covey, S. R.: Die 7 Wege zur Effektivität: Prinzipien für persönlichen und beruflichen Erfolg. Gabal, Offenbach 2018.

[21] ebd.

[22] „Extrovertiert" und „extravertiert" werden synonym verwendet und haben die gleiche Bedeutung.

[23] Auf der Seite von Herrmann International Deutschland finden Sie übrigens ein Muster von einem HBDI®-Einzelprofil und ergänzende Informationen unter: https://hbdi.de/hbdi-einzelprofil/

[24] Radlbeck-Ossmann, R.: Lob der Selbstsorge. In: Evangelisches Magazin für Missionarische Pastoral, Ausgabe 1/2015, S. 17.

[25] Tischinger, M.: Selbstliebe. Der Weg zur inneren Heilung. Herder Verlag, Freiburg 2017.

[26] Grosse, H.: Martin Luther King. Ich habe einen Traum. Patmos Verlag, Ostfildern 2018, S. 108 (Übersetzer: Heinrich Grosse). Die nachfolgenden Zitate im Kapitel „Charisma-Faktor 2" entstammen dieser Biografie, sofern nicht anders angegeben.

[27] Prinz, A.: I have a dream. Das Leben des Martin Luther King. Gabriel in der Thienemann-Esslinger Verlag GmbH, Stuttgart 2019.

[28] ebd.

[29] Prinz (2019), S. 21.

[30] vgl. www.bundestag.de/resource/blob/384408/42bc0e69f2705d172edd530075b17c74/voting-rights-act-data.pdf

[31] ebd.

[32] ebd.

[33] Akronym für **V**olatility, **U**ncertainty, **C**omplexity und **A**mbiguity

[34] Storch, M.: Motto-Ziele, S.M.A.R.T. – Ziele und Motivation. In: Birgmeier, B.: Coachingwissen: Denn sie wissen nicht, was sie tun? Verlag für Sozialwissenschaften, Wiesbaden 2009.

[35] Seiwert, L. J.: Wenn du es eilig hast, gehe langsam. Campus Verlag, Frankfurt/New York 2003.

[36] Seiwert (2003), ebd.

[37] Prinz (2019), S. 100.

[38] Prinz (2019), ebd.

[39] vgl. www.srf.ch/news/international/wie-martin-luther-king-ohne-gewalt-gewalt-provozierte

ENDNOTENVERZEICHNIS

[40] Prinz, A.: Martin Luther King. Insel Verlag, Berlin 2018, S. 60.
[41] ebd.
[42] ebd.
[43] ebd.
[44] Prinz (2019), S. 94 f.
[45] Nach Augustinus von Hippo
[46] Prinz (2019), S. 188.
[47] Als Tambourmajor wird in der Regel der Stabsführer einer Musikkapelle genannt. In dieser Position leitet und führt er die Parade. Er geht als Erster vorneweg und nimmt damit eine Sonderstellung ein. Nach der Auffassung von King gibt es generell bei jedem Menschen einen solchen Instinkt, Wunsch oder Impuls, Erster bzw. etwas Besonderes zu sein.
[48] Prinz (2019), S. 40.
[49] ebd. S. 27.
[50] King, M. L.: I Sat Where They Sat. In: Papers VI, S. 581.
[51] vgl. Jepsen-Föge, D.: Der Konflikt als Chance des Fortschritts. – www.deutschlandfunk.de/der-konflikt-als-chance-des-fortschritts.1310.de.html?dram:article_id=194253
[52] Doppler, K./Lauenburg, C.: Change Management. Den Unternehmenswandel gestalten. Campus Verlag, Frankfurt/New York 2008.
[53] Fraunhofer-Institut für Produktionstechnologie: Change Management. Bei Veränderungsprozessen den Menschen in den Mittelpunkt stellen.–www.ipt.fraunhofer.de/de/presse/Pressemitteilungen/20111005ChangeManagement.html
[54] Bei dieser Bezeichnung geht es darum, dass eine Person ihren Worten Taten folgen lässt und dadurch Glaubwürdigkeit gewinnt.
[55] Sinek, S.: Frag immer erst: warum. Wie Topfirmen und Führungskräfte zum Erfolg inspirieren. Redline Verlag, München 2019.
[56] Kortmann, O.: 30 Minuten Transformales Führen. Gabal Verlag, Offenbach 2019.
[57] ebd.
[58] Sinek, S. 39.
[59] ebd. S. 12.
[60] Mourlane, D.: Resilienz. Die unentdeckte Fähigkeit der wirklich Erfolgreichen. Business Village, Göttingen 2019.
[61] ebd. S. 41.
[62] vgl. www.mourlane.com/index.php/leistungen/resilienz/resilienztest
[63] Mourlane, S. 45.
[64] Prinz (2019), S. 12.
[65] vgl. Mourlane

[66] Mourlane, S. 51.
[67] ebd.
[68] Prinz (2019), S. 120.
[69] Jörgensen, P.: Empathie und Konfrontation. – www.baptisten.de/fileadmin/bgs/media/dokumente/zeitzeichen_3-2018_Peter_Jorgensen_Martin-Luther_King.pdf
[70] Mourlane, S. 51.
[71] ebd. S. 59.
[72] Aus einem Gedicht des britischen Schriftstellers William Ernest Henley von 1875.
[73] vgl. www.youtube.com/watch?v=MFOFs0iAwDg
[74] Mourlane, S. 66.
[75] Csikszentmihaly, M.: Flow. Das Geheimnis des Glücks. Klett-Cotta Verlag, Stuttgart 2019.
[76] vgl. Mourlane, S. 70.
[77] Stavemann, H. H.: …und ständig tickt die Selbstwertbombe. Selbstwertprobleme erkennen und lösen. Psychologie Verlags Union, Weinheim 2011, S. 15.
[78] vgl. www.psychology48.com/deu/d/selbstwertschutz/selbstwertschutz.htm
[79] vgl. www.willy-brandt-biografie.de/quellen/bedeutende-reden/regierungserklaerung-vor-dem-bundestag-in-bonn-28-oktober-1969/
[80] ebd.
[81] Bliesemann de Guevara, B./Reiber, T. (Hg.): Charisma und Herrschaft. Führung und Verführung in der Politik. Campus Verlag, Frankfurt/New York 2011, S. 105.
[82] Appenzeller, G.: Er gründete die Bundesrepublik ein zweites Mal. – www.tagesspiegel.de/politik/50-jahre-kanzler-willy-brandt-er-gruendete-die-bundesrepublik-ein-zweites-mal/25135848.html
[83] Merseburger, P.: Willy Brandt 1913–1992 Visionär und Realist. Pantheon Verlag, München 2013.
[84] Müller, A.: Vergangenheit, die wiederkehren soll. – www.faz.net/aktuell/feuilleton/debatten/gesucht-ein-neuer-willy-brandt-vergangenheit-die-wiederkehren-soll-1908885.html
[85] Bliesemann de Guevara/Reiber, S. 119.
[86] vgl. Appenzeller
[87] Gross, S. F.: Beziehungsintelligenz. Wie Sie im Berufsleben Freunde und Verbündete gewinnen. Redline Verlag, München 2013.
[88] vgl. www.willy-brandt-biografie.de/politik/ost-und-deutschlandpolitik/
[89] ebd.
[90] vgl. www.willy-brandt-biografie.de/quellen/videos/kniefall-warschau-1970/

[91] Bliesemann de Guevara/Reiber, S. 110.
[92] Dilk, A.: managerSeminare: Führungskompetenz Nahbarkeit. Kannst du Beziehung. Juni 2019, Heft 255.
[93] vgl. www.politikundunterricht.de/4_02/b10bisb16.htm
[94] Das Erste: Die lange Willy Brandt Nacht am 18.12.2013. – www.daserste.de/information/reportage-dokumentation/dokus/videos/die-lange-willy-brandt-nacht-102.html
[95] Jumpertz, S.: managerSeminare: Führen durch Verstehen. Empathie lernen. Dezember 2013, Heft 189.
[96] Müller, A.: Gesucht: Ein neuer Willy Brandt: Vergangenheit, die wiederkehren soll. – www.faz.net/aktuell/feuilleton/debatten/gesucht-ein-neuer-willy-brandt-vergangenheit-die-wiederkehren-soll-1908885/in-bronze-von-rainer-fetting-1917297.html
[97] Korfmann, M.: Der Vater der Kampagne „Willy wählen" verrät Brandts Taktik. – www.derwesten.de/wochenende/der-vater-der-kampagne-willy-waehlen-verraet-brandts-taktik-id8770707.html
[98] ebd.
[99] ebd.
[100] vgl. Jumpertz, S. 49.
[101] Willy Brandt: Regierungserklärung vom 28.10.1969. – www.youtube.com/watch?v=SOAc0SnWb74
[102] Bahr, E.: „Das musst du erzählen". Erinnerungen an Willy Brandt. Propyläen Verlag, Berlin 2013, S. 102. – Die nachfolgenden Zitate im Kapitel „Charisma-Faktor 3" entstammen dieser Biografie, sofern nicht anders angegeben.
[103] vgl. www.willy-brandt-biografie.de/quellen/videos/kniefall-warschau-1970/
[104] 1970: Der Kniefall von Warschau. – www.youtube.com/watch?v=hguYEbpwVZU
[105] ebd.
[106] Der große Brockhaus. Zwölfter Band: F. A. Brockhaus, Wiesbaden 1981, S. 310.
[107] Ihlefeld, H.: Willy Brandt „Auch darüber wird Gras wachsen ..." Anekdotisches und Hintergründiges. F. A. Herbig, München 2013, S. 14.
[108] ebd. S. 28.
[109] Knoop, G.: Kanzler: Die Mächtigen der Republik. Goldmann Verlag, München 1999, S. 236.
[110] Lang, R./Rybnikova, I.: Aktuelle Führungstheorien und -konzepte. Springer Gabler, Wiesbaden 2014, S. 457.
[111] Vorrink, C.: Die Führungsstile der Bundeskanzler Willy Brandt und Gerhard Schröder im Vergleich. – https://karl-rudolf-korte.de/wp-content/uploads/2015/04/mag_vorrink.pdf, S. 85.

[112] Lang/Rybnikova (2014), S. 95.
[113] ebd.
[114] Enste, D. H.: Führung im Wandel: Mit ethischer Führung zum nachhaltigen Erfolg. – www.forum-wirtschaftsethik.de/fuehrung-im-wandel-mit-ethischer-fuehrung-zum-nachhaltigen-erfolg/
[115] Lang/Rybnikova (2014), S. 459.
[116] ebd.
[117] Rosenberg, M. B.: Gewaltfreie Kommunikation. Eine Sprache des Lebens. Gestalten Sie Ihr Leben, Ihre Beziehungen und Ihre Welt in Übereinstimmung mit Ihren Werten. Junfermann Verlag, Paderborn 2007, S. 22.
[118] ebd. S. 42
[119] ebd. S. 48
[120] ebd. S. 57
[121] Mourlane, S. 66.
[122] vgl. https://de.wikipedia.org/wiki/Resonanz
[123] Rosa, H.: Resonanz. Eine Soziologie der Weltbeziehung. Suhrkamp Verlag, Berlin 2016, S. 281.
[124] ebd. S. 298
[125] Rosa, H.: Eine Art von Begehren nach Welt. Evangelisches Magazin für missionarische Pastoral, Ausgabe 2/2018.
[126] Heinrich-Böll-Stiftung: Resonanz: Hartmut Rosa über die Soziologie des guten Lebens. Vortrag vom 27.02.2017. – www.youtube.com/watch?v=S-bHnM3Uwuk
[127] Rosa (2016), S. 284.
[128] Rosa, H.: Über Resonanz vom 16.03.2018. – www.resonanz.wien/blog/hartmut-rosa-ueber-resonanz/
[129] vgl. Rosa (2018)
[130] vgl. Metronome Synchronization: www.youtube.com/watch?v=yysnkY4WHyM
[131] Müller, A. – www.faz.net/aktuell/feuilleton/debatten/gesucht-ein-neuer-willy-brandt-vergangenheit-die-wiederkehren-soll-1908885.html
[132] Walter, F.: Willy Brandt: Der Kanzler und seine Intellektuellen. – www.spiegel.de/politik/deutschland/willy-brandt-der-kanzler-und-seine-intellektuellen-a-412585.html
[133] Grass, G.: Gesamtdeutscher März (Gedicht, erschienen Ende der 1960er-Jahre)
[134] Rosa (2016), S. 298.
[135] Bahr, S. 24.
[136] Rosa (2016), S. 298.
[137] ebd.
[138] ebd.

[139] vgl. Rosa (2018)
[140] König, H.: Wenn die Welt zum Resonanzraum wird. – www.nzz.ch/feuilleton/buecher/hartmut-rosas-soziologie-der-schwingungen-wenn-die-welt-zum-resonanzraum-wird-ld.87627
[141] Eppler, E.: Die humanste Form der Macht. – www.spiegel.de/spiegel/print/d-9287011.html
[142] Schreiber, H.: Vielleicht muss ich es ja machen. – www.spiegel.de/spiegel/print/d-45547770.html
[143] ebd.
[144] ebd.
[145] vgl. Eppler
[146] vgl. Eppler
[147] Bliesemann de Guevara/Reiber, S. 119.
[148] Sölle, D.: Gedanken über einen Politiker. In: Lindlau, D. (Hg.): Dieser Mann Brandt … – Gedanken über einen Politiker von 35 Wissenschaftlern, Schriftstellern und Künstlern. Kindler Verlag, München 1972, S. 133.
[149] Janssen, B.: Die stille Revolution: Führen mit Sinn und Menschlichkeit. Ariston Verlag, München 2016.
[150] Zbinden, R.: Führen aus eigener Kraft: Die Entwicklung von Führungspersonen und Managern. Springer Gabler, Wiesbaden 2012, S. 183.
[151] Buchenau, W./Walter, C.: Chefsache Menschlichkeit: So gelingt humane Digitalisierung. Springer Gabler, Wiesbaden 2018, S. 2.
[152] von Marschall, C.: Barack Obama. Der schwarze Kennedy. Orell Füssli, Zürich 2008, S. 32. Die nachfolgenden Zitate im Kapitel „Charisma-Faktor 4" entstammen dieser Biografie, sofern nicht anders angegeben.
[153] Barack Obama's Presidential Announcement. – www.youtube.com/watch?v=gdJ7Ad15WCA
[154] Weibler, J. (Hg.): Barack Obama und die Macht der Worte. VS Verlag für Sozialwissenschaften, Springer Fachmedien, Wiesbaden 2010, S. 9.
[155] Fienbork, M.: Barack Obama: Ein amerikanischer Traum: Die Geschichte meiner Familie. dtv, München 2010.
[156] Obama, B.: Hoffnung wagen. Gedanken zur Rückbesinnung auf den American Dream. Goldmann Verlag, München 2017.
[157] vgl. www.spiegel.de/politik/ausland/parteitag-der-us-demokraten-clinton-ruft-demokraten-zu-versoehnung-auf-a-574620.html
[158] von Marschall, C.: Charisma und politische Führung in den USA: Barack Obama – schwarzer Kennedy? In: Bliesemann de Guevara, B./Reiber, T. (Hg.): Charisma und Herrschaft. Campus Verlag, Frankfurt/New York 2011, S. 64.

ANHANG

[159] Jung, N.: Die Präsidentschaftswahlen in den USA 2008: Eine Analyse. Magisterarbeit. Grin Verlag, München 2009, Einleitung.
[160] von Marschall (2011), S. 67.
[161] ebd. S. 68.
[162] Pitzke, M.: Barack Obama: Der bittere Geschmack der Niederlage. – www.spiegel.de/politik/ausland/barack-obama-der-bittere-geschmack-der-niederlage-a-527502-amp.html
[163] New York Times: Barack Obams's New Hampshire Primary Speech vom 8. Januar 2008. – www.nytimes.com/2008/01/08/us/politics/08text-obama.html
[164] Borbonus, R.: Die Kunst der Präsentation. 91 Antworten für eine eindrucksvolle Präsentation ohne Show-Business. Junfermann Verlag, Paderborn 2009, S. 9.
[165] Gössler, S.: Barack Obama: Seine Sprache – Seine Stärke – Sein Charisma. Rhetorik eine Erfolgsgeschichte. Books on Demand GmbH, Norderstedt 2009, S. 81.
[166] New York Times – vgl. Fußnote 163.
[167] Borbonus, S. 40.
[168] New York Times – vgl. Fußnote 163.
[169] ebd.
[170] ebd.
[171] Weibler, S. 12.
[172] Budweiser Super Bowl Commercial 2017: Born the hard way. – www.youtube.com/watch?v=IZaQQvfIfPQ
[173] VRdS, DPRG: Welchen Anteil haben Text, Erscheinungsbild des Redners, Betonung und Gestik an der Gesamtwirkung eines Vortrages? Studie, durchgeführt vom Institut für Demoskopie, Allensbach und dem Institut für Publizistik der Universität Mainz, Juni 2007.
[174] ebd.
[175] New York Times – vgl. Fußnote 163.
[176] Molcho, S.: Körpersprache des Erfolgs. Heinrich Hugendubel Verlag, Kreuzlingen/München 2005, S. 65.
[177] ebd. S. 68.
[178] vgl. www.youtube.com/watch?v=Fe751kMBwms
[179] Warstat, M.: Obamas Körper. Performative Aspekte politischer Rhetorik. In: Weibler, J. (Hg.): Barack Obama und die Macht der Worte. VS Verlag für Sozialwissenschaften, Springer Fachmedien, Wiesbaden 2010, S. 183.
[180] Molcho, S. 82 f.
[181] vgl. Molcho
[182] vgl. www.youtube.com/watch?v=LtPZ3gKAZs0

[183] vgl. Carney, D./Cuddy, A./Yap, A.: Power Posing: Brief Nonverbal Displays Affect Neuroendocrine Levels And Risk Tolerance. In: Sage Journals. aps – association for psychological science, 20. September 2010.

[184] Hein, M.: Sprechen wie der Profi! Das interaktive Training für eine gewinnende Stimme. Campus Verlag, Frankfurt/New York 2014, S. 80.

[185] vgl. www.youtube.com/watch?v=Fe751kMBwms

[186] Hein, S. 91.

[187] ebd. S. 92.

[188] vgl. www.redenwelt.de/rede-tipps/betonung-rede-wichtigkeit/

[189] Obamas Rede im Wortlaut. Der US-Präsident in Berlin. – www.tagesspiegel.de/politik/der-us-praesident-in-berlin-obamas-rede-im-wortlaut/8384644.html; im Originalton bei Spiegel Online. – www.spiegel.de/video/obama-in-berlin-rede-des-us-praesidenten-am-brandenburger-tor-video-1279434.html

[190] „We have history to make". Obamas Rede im Wortlaut. – www.spiegel.de/politik/deutschland/obamas-rede-in-berlin-am-19-juni-2013-im-wortlaut-englisch-a-906741.html

[191] Hessische Landesregierung (Hg.): „Ein Glücksfall für die Demokratie". Elisabeth Selbert (1896–1986). Die große Anwältin der Gleichberechtigung. Wiesbaden: Hessische Staatskanzlei 2008, S. 13

[192] Grundgesetz für die Bundesrepublik Deutschland: Art. 3 Abs. 2 Satz 1 GG. Bundeszentrale für politische Bildung, Bonn 2019, S. 13.

[193] vgl. https://de.wikipedia.org/wiki/Gehorsamsparagraph

[194] Gille-Linne, K.: Abgelehnt! In: Eichel, H./Stolterfoht, B. (Hg.): Elisabeth Selbert und die Gleichstellung der Frauen. Eine unvollendete Geschichte. euregiaverlag Kassel, 2015.

[195] vgl. § 1626 ff. BGB Elterliche Gewalt des Vaters – Bürgerliches Gesetzbuch in der Fassung vom 18. August 1896. – www.koeblergerhard.de/Fontes/BGBDR1896 1900.htm

[196] Limbach, J.: Elisabeth Selbert und ihre Sternstunde im Parlamentarischen Rat am 18. Januar 1949. In: Hessische Landesregierung (Hg.): „Ein Glücksfall für die Demokratie". S. 241.

[197] ebd.

[198] Stenografische Protokolle des Hauptausschusses, Bonn 1948/49, S. 206; Limbach, S. 244.

[199] Stenografische Protokolle, S. 207; Limbach, S. 244.

[200] Seibert, E.: Die Rechtsstellung der Frau. In: Protokoll der Wuppertaler Frauenkonferenz vom 7.–9. September 1948, Teil II AdSD PV III 04039, S. 46.

[201] Limbach, S. 245.

[202] Dertinger, A.: Elisabeth Selbert: Ein selbstbestimmtes Frauenleben. In: Eichel, H./Stolterfoht, B. (Hg.): Elisabeth Selbert und die Gleichstellung der Frauen. Eine unvollendete Geschichte. Euregiaverlag, Kassel 2015, S. 11. – Die nachfolgenden Zitate im Kapitel „Charisma-Faktor 5" stammen aus dieser Biografie, soweit nicht anders angegeben.

[203] Frey, D. (Hg.): Psychologie der Werte. Von Achtsamkeit bis Zivilcourage. Basiswissen aus Psychologie und Philosophie. Springer Verlag, Berlin/Heidelberg 2016, S. 2.

[204] ebd.

[205] Scholz, Ch.: Zu Gedanken und Materialien zur Generation Z. – https://die-generation-z.de/

[206] Erhardt, M.: Eigene Wertvorstellung. Mischt die Generation Z die Arbeitswelt auf? – www.zdf.de/nachrichten/heute/mischt-die-generation-z-die-arbeitswelt-auf-100.html

[207] Gianella, D.: Was uns motiviert: The Reiss Motivation Profile –- A tribute to Steven Reiss. Werdewelt Verlags- und Medienhaus, Mittenaar-Bicken 2019, S. 20.

[208] vgl. www.dnwe.de/wertemanagement-und-compliance-auditierungen/wertemanagement-zfw/

[209] Seiwert, L. J.: Wenn du es eilig hast, gehe langsam. Campus Verlag, Frankfurt/Ney York 2003, S. 129.

[210] Drummer, H./Zwilling, J.: Elisabeth Selbert. Eine Biographie. Teil I. In: Hessische Landesregierung, S. 22.

[211] ebd. S. 23.

[212] ebd. S. 24.

[213] ebd. S. 27.

[214] ebd. S. 26.

[215] Deutscher Bundestag: Erste Rede einer Frau im Reichstag am 19. Februar 1919. – www.bundestag.de/dokumente/textarchiv/2014/49494782_kw07_kalenderblatt_juchacz-215672

[216] zu den Grundrechten in der Weimarer Reichsverfassung: www.bundestag.de/resource/blob/423610/86e3e9e8a4b42e4b72fbd25413f285cb/WD-3-215-08-pdf-data.pdf

[217] Drummer/Zwilling, S. 33.

[218] ebd. S. 60.

[219] ebd. S. 68.

[220] ebd. S. 41.

[221] Seiwert, S. 133.

222 Böttger, B.: Das Recht auf Gleichheit und Differenz. Elisabeth Selbert und der Kampf der Frauen um Art. 3.2 Grundgesetz. Mit einem Vorwort von Ute Gerhard. Verlag Westfälisches Dampfboot, Münster 1990, S. 158.
223 Böttger, S. 131.
224 ebd. S. 165.
225 Drummer/Zwilling, S. 38.
226 Aus dem Brief von Dr. Gerda Dietz, Schriftleitung, Hessische Nachrichten, Kassel, 03.01.1939. In: Böttger, B.
227 Böttger, S. 184.
228 vgl. www.parlamentarischerrat.de/organisation_898_organisation=49.html
229 Böttger, S. 191.
230 ebd.
231 ebd. S. 199.
232 vgl. https://de.wikipedia.org/wiki/Sondergericht
233 Böttger, S. 145.
234 Heß, H. (Hg.): Erzählbar. 111 Top-Geschichten für den professionellen Einsatz in Seminar und Coaching. managerSeminare, Bonn 2015, S. 136.
235 Harding, G.: Topmanagement und Angst. Führungskräfte zwischen Copingstrategien, Versagensängsten und Identitätskonstruktion. Springer Verlag, Wiesbaden 2012.
236 Ackermann, S.: Angst vor Machtverlust. – www.psychologie-heute.de/beruf/40170-angst-vor-machtverlust.html
237 Harding, G.: Topmanager: Wovor sich Führungskräfte fürchten. – www.business-wissen.de/artikel/topmanager-wovor-sich-fuehrungskraefte-fuerchten/
238 ebd.
239 Clark, A.: Hack Your Anxiety: How to Make Anxiety Work for You in Life, Love, and All That You Do. Sourcebooks, Naperville 2018.
240 „Die Berufung – Ihr Kampf für Gerechtigkeit", Spielfilm von Mimi Leder, dt. Kinostart 7. März 2019.
241 ebd.
242 RBG – Ein Leben für die Gerechtigkeit: Dokumentarfilm von Julie Cohen und Betsy West, dt. Filmstart 13. Dezember 2018. Die nachfolgenden Zitate im Kapitel „Charisma-Faktor 6" stammen aus diesem Dokumentarfilm, sofern nicht anders angegeben.
243 Mischel, W.: Der Marshmallow-Effekt: Wie Willensstärke unsere Persönlichkeit prägt. Siedler Verlag, München 2015.
244 Kokkoris, M. D./Stavrova, O.: The Dark Side of Self-Control: Harvard Business Review vom 16. Januar 2020. – https://hbr.org/2020/01/the-dark-side-of-self-control

[245] Rudzio, K.: Interview mit Walter Mischel: Marshmallow-Test: Fragen Sie das Marshmallow-Orakel. ZEIT Wissen Nr. 2/2015. – www.zeit.de/zeit-wissen/2015/02/marshmallow-experiment-psychologie-walter-mischel

[246] vgl. Mischel

[247] Lyrics written by Otis Redding. – https://genius.com/Aretha-franklin-respect-lyrics

[248] Decker, C./van Quaquebeke, N.: Respektvolle Führung. – www.researchgate.net/publication/282654013_Respektvolle_Fuhrung

[249] Wikipedia: Menschenwürde: https://de.wikipedia.org/wiki/Menschenw%C3%BCrde

[250] Decker/van Quaquebecke, S. 5.

[251] Wilde, M.: Respekt. Die Kunst der gegenseitigen Wertschätzung. Vier-Türme Verlag, Münsterschwarzach 2020, S. 122.

[252] ebd. S. 123

[253] Decker/van Quaquebecke; vgl. www.respectresearchgroup.org/respekt/messinstrumente/skala-respektvolle-fuehrung/

[254] vgl. Decker/van Quaquebecke, S. 7.

[255] van Quaquebeke, N./Eckloff, T.: Defining respectful leadership: What it is, how it can be measured, and another glimpse at what it is related to. Journal of Business Ethics, 91/2010, S. 343–358; van Quaquebeke, N./Eckloff, T.: Why follow? The interplay of leader categorization, identification, and feeling respected. Group Processes & Intergroup Relations, 16/2013, S. 68–86.

[256] vgl. www.respectresearchgroup.org/respekt/messinstrumente/skala-respektvolle-fuehrung

[257] Baches, Z./Rüesch, A.: Interview mit Richterin Ruth Bader Ginsburg. – www.nzz.ch/international/amerika/die-grundidee-war-von-anfang-an-da-1.18626095?reduced=true

[258] vgl. https://de.wikipedia.org/wiki/Ruth_Bader_Ginsburg

[259] Wilde, S. 24.

[260] vgl. www.respectresearchgroup.org/respekt/definition/

[261] Titze, M.: Humor als Führungskompetenz. – www.humorkom.de/inhouse-trainings/humor-als-fuehrungskompetenz.html

[262] ebd.

[263] Fuchs, H./Fuchs, F. M./Illing, L.: Gute Stimmung – gute Leistung. Jubiläumsausgabe. 10 Jahre Launeus Award. Tam Edition 2017.

[264] Weiterkommen mit Witz – Humor im Business: managerSeminare Heft 153, Dezember 2010.

[265] Morgenthaler, M.: Humor gehört in die Chefetage. – www.nzz.ch/einst_war_emil_herzog_erfolgreicher_manager_bei_nestle_globus_und_unilever-1.8938970

[266] Wilhelm, A.-F.: Herzog Emil im Land des Lächelns. – www.werbewoche.ch/werbung/2010-03-24/herzog-emil-im-land-des-lachens
[267] Wild, B.: Humor in der Psychiatrie und Psychotherapie. Beitrag von Willibald Ruch zu Humor und Charakter. Schattauer Verlag, Stuttgart 2016, S. 28.
[268] Joachim Ringelnatz (1883–1934), deutscher Schriftsteller, Kabarettist und Maler
[269] Wüst, P.: Don't worry, be funny! Wie Humor das Leben leichter macht. Orell Füssli Verlag, Zürich 2016.
[270] vgl. www.proprofs.com/quiz-school/story.php?title=frage-1
[271] Übrigens habe ich beim letzten Faktor weder ein viertes Merkmal vergessen, noch ist mir keines mehr eingefallen. Hier war vielmehr der didaktische Ansatz vorrangig. Ich denke, dass sich der Code 5 ¾ besser einprägen lässt, und dass er Sie immer daran erinnert, dass jeder Faktor – bis eben auf den letzten – von jeweils vier Merkmalen geprägt wird.

Literaturverzeichnis

Antonakis, John/Fenley, Marika/Liechti, Sue: Charisma ist lernbar. In: Harvard Business Manager, August 2012, S. 55.

Bahr, Hans-Eckehard/Grosse, Heinrich W. (Hg.): Martin Luther King. Ich habe einen Traum. Benzinger Verlag, Zürich/Düsseldorf 1999. Übers. Norbert Lechleitner.

Bahr, Egon: Das musst du erzählen. Erinnerungen an Willy Brandt. Propyläen Verlag, Berlin 2013.

Bliesemann de Guevara, Berit/Reiber, Tatjana (Hg.): Charisma und Herrschaft. Führung und Verführung in der Politik. Campus Verlag, Frankfurt/New York 2011.

Borbonus, René: Die Kunst der Präsentation. 91 Antworten für eine eindrucksvolle Präsentation ohne Show-Business. Junfermann Verlag, Paderborn 2009.

Böttger, Barbara: Das Recht auf Gleichheit und Differenz. Elisabeth Selbert und der Kampf der Frauen um Art. 3.2 Grundgesetz. Mit einem Vorwort von Ute Gerhard. Verlag Westfälisches Dampfboot, Münster 1990.

Buchenau, Claus Walter: Chefsache Menschlichkeit: So gelingt humane Digitalisierung. Springer Gabler Verlag, Wiesbaden 2018.

Clark, Alicia: Hack Your Anxiety. How to Make Anxiety Work for You in Life, Love, and All That You Do. Sourcebooks, Naperville 2018.

Collin, C./Benson, N./Ginsburg, J./Grand, V./Lazyan, M./Weeks, M.: Das Psychologie Buch. Dorling Kindersley Verlag, München 2012.

Covey, Stephen R.: Die 7 Wege zur Effektivität: Prinzipien für persönlichen und beruflichen Erfolg. Gabal Verlag, Offenbach 2018.

Csikszentmihaly, Mihaly: Flow. Das Geheimnis des Glücks. Klett-Cotta Verlag, Stuttgart 2019.

Dertinger, Antje: Elisabeth Selbert. Ein selbstbestimmtes Frauenleben. In: Eichel, Hans/Stolterfoht, Barbara (Hg.): Elisabeth Selbert und die Gleichstellung der Frauen. Eine unvollendete Geschichte. Euregio Verlag, Kassel 2015.

Der große Brockhaus. Zwölfter Band. F. A. Brockhaus, Wiesbaden 1981.

Dilk, Anja: Führungskompetenz Nahbarkeit. Kannst du Beziehung? managerSeminare Juni 2019, Heft 255, S. 50–56.

Doppler, Klaus/Lauenburg, Christoph: Change Management. Den Unternehmenswandel gestalten. Campus Verlag, Frankfurt/New York 2008.

Drummer, Heike/Zwilling, Jutta: Teil I: Elisabeth Selbert. Eine Biographie. In: Hessische Landesregierung (Hg.): „Ein Glücksfall für die Demokratie" Elisabeth Selbert (1896–1986). Die große Anwältin der Gleichberechtigung. Hessische Staatskanzlei, Wiesbaden 2008.

Eichel, Hans/Stolterfoht, Barbara (Hg.): Elisabeth Selbert und die Gleichstellung der Frauen. Eine unvollendete Geschichte. Euregio Verlag, Kassel 2015.

Frey, Dieter (Hg.): Psychologie der Werte. Von Achtsamkeit bis Zivilcourage. Basiswissen aus Psychologie und Philosophie. Springer Verlag, Berlin/Heidelberg 2016.

Fuchs, Helmut/Fuchs, Frederic M./Illing, Lorenz: Gute Stimmung – gute Leistung. Jubiläumsausgabe. 10 Jahre Launeus Award. Tam Edition 2017.

Gianella, Daniele: Was uns motiviert: The Reiss Motivation Profile. A tribute to Steven Reiss. Werdewelt Verlags und Medienhaus, Mittenaar 2019.

Gille-Linne, Karin: Abgelehnt! In: Eichel, Hans/Stolterfoht, Barbara (Hg.): Elisabeth Selbert und die Gleichstellung der Frauen. Eine unvollendete Geschichte. Euregio Verlag, Kassel 2015.

Gössler, Stefan: Barack Obama: Seine Sprache – Seine Stärke – Sein Charisma. Rhetorik einer Erfolgsgeschichte. Books on Demand GmbH, Norderstedt 2009.

Gross, Stefan F.: Beziehungs-Intelligenz. Wie Sie im Berufsleben Freunde und Verbündete gewinnen. Realien Verlag, München 2013.

Grosse, Heinrich: Martin Luther King. Ich habe einen Traum. Ein Lesebuch. Patmos Verlag, Ostfildern 2018.

Harding, Gabi: Topmanagement und Angst. Führungskräfte zwischen Copingstrategien, Versagensängsten und Identitätskonstruktion. Springer Verlag, Wiesbaden 2012.

Hein, Monika: Sprechen wie der Profi! Das interaktive Training für eine gewinnende Stimme. Campus Verlag, Frankfurt/New York 2014.

Hessische Landesregierung (Hg.): Ein Glücksfall für die Demokratie. Elisabeth Selbert (1896–1986). Die große Anwältin der Gleichberechtigung. Hessische Staatskanzlei, Wiesbaden 2008.

Heß, Hans (Hg.): Erzählbar. 111 Top-Geschichten für den professionellen Einsatz in Seminar und Coaching. managerSeminare, Bonn 2015.

Herkenrath, Lutz: Wirken kommt vom Selbst. Ein Praxishandbuch für Ihren Auftritt. Rutschbahn Verlag, Hamburg 2019.

Ihlefeld, Heli: Willy Brandt „Auch darüber wird Gras wachsen …" Anekdotisches und Hintergründiges. Erzählt von Heli Ihlefeld. F. A. Herbig, München 2013.

Janssen, Bodo: Die stille Revolution: Führen mit Sinn und Menschlichkeit. Ariston Verlag, München 2016.
Jung, Normen: Die Präsidentschaftswahlen in den USA 2008. Eine Analyse. Grin Verlag, München 2009.
Jumpertz, Sylvia: Führen durch Verstehen. Empathie lernen. managerSeminare, Heft 18, Bonn 2013.
King, Martin Luther: I Sat Where They Sat. In: Papers VI, S. 581.
Knoop, Guido: Kanzler: Die Mächtigen der Republik. Goldmann Verlag, München 1999.
Kortmann, Olaf: 30 Minuten Transformales Führen. Gabal Verlag, Offenbach 2019.
Lang, Reinhart/Rybnikova, Irma: Aktuelle Führungstheorien und -konzepte. Springer Gabler Verlag, Wiesbaden 2014.
Limbach, Jutta: Elisabeth Selbert und ihre Sternstunde im Parlamentarischen Rat am 18. Januar 1949. In: Hessische Landesregierung (Hg.): Ein Glücksfall für die Demokratie. Elisabeth Selbert (1896–1986). Die große Anwältin der Gleichberechtigung. Hessische Staatskanzlei, Wiesbaden 2008, S. 241.
Martens, Andree: Weiterkommen mit Witz. Humor im Business: managerSeminare Heft 153, Bonn 2010.
Merseburger, Peter: Willy Brandt 1913–1992 Visionär und Realist. Pantheon Verlag, München 2013.
Mischel, Walter: Der Marshmallow-Effekt: Wie Willensstärke unsere Persönlichkeit prägt. Siedler Verlag, München 2015.
Molcho, Samy: Körpersprache des Erfolges. Heinrich Hugendubel Verlag, Kreuzlingen/München 2005.
Mourlane, Denis: Resilienz. Die unentdeckte Fähigkeit der wirklich Erfolgreichen. Business Village, Göttingen 2019.
Obama, Barack: Ein amerikanischer Traum: Die Geschichte meiner Familie. Aus dem Englischen von Matthias Fienbork. dtv, München 2010.
Obama, Barack: Hoffnung wagen. Gedanken zur Rückbesinnung auf den American Dream. Wilhelm Goldmann Verlag, München 2017.
Ofman, Daniel: Hallo, ich da ...?! Entdecke deine Kernqualitäten mit dem Kernquadrat. deBoom Verlag, Kiesby 2010.
Prinz, Alois: I have a dream. Das Leben des Martin Luther King. Thienemann-Esslinger Verlag, Stuttgart 2019.
Prinz, Alois: Martin Luther King. Insel Verlag, Berlin 2018.
Radlbeck-Ossmann, Regina: Lob der Selbstsorge. In: Evangelisches Magazin für Missionarische Pastoral, Ausgabe 1/2015.
Radlbeck-Ossmann, Regina: Was ist Charisma? Und wer ist ein charismatischer Mensch? In: Evangelisches Magazin für Missionarische Pastoral, Ausgabe 1/2015.

Rosa, Hartmut: Eine Art von Begehren nach Welt. Evangelisches Magazin für Missionarische Pastoral, Ausgabe 2/2018.

Rosa, Hartmut: Resonanz. Eine Soziologie der Weltbeziehung. Suhrkamp Verlag, Berlin 2016.

Rosenberg, Marshall B.: Gewaltfreie Kommunikation. Eine Sprache des Lebens. Gestalten Sie Ihr Leben, Ihre Beziehungen und Ihre Welt in Übereinstimmung mit Ihren Werten. Junfermann Verlag, Paderborn 2007.

Selbert, Elisabeth: Die Rechtsstellung der Frau. In: Protokoll der Wuppertaler Frauenkonferenz vom 7.–9.9.1948, Teil II AdsD PV III 04039, S. 46.

Seiwert, Lothar J.: Wenn du es eilig hast, gehe langsam. Campus Verlag, Frankfurt/New York 2003.

Sieger, Nadine: Coco Chanel. Paris der 1920er und das bewegte Leben einer Modeikone. Herder Verlag, Freiburg 2018.

Sinek, Simon: Frag immer erst: warum. Wie Topfirmen und Führungskräfte zum Erfolg inspirieren. Redline Verlag, München 2019.

Sölle, Dorothee: Gedanken über einen Politiker. In: Lindlau, Dagobert (Hg.): Dieser Mann Brandt ... Gedanken über einen Politiker von 35 Wissenschaftlern, Schriftstellern und Künstlern. Kindler Verlag, München 1972.

Stavemann, Harlich H.: ... und ständig tickt die Selbstwertbombe. Selbstwertprobleme erkennen und lösen. Psychologie Verlags Union, Weinheim 2011.

Stenografische Protokolle des Hauptausschusses, Bonn 1948/49.

Storch, Maja: Motto-Ziele, S.M.A.R.T. – Ziele und Motivation. In: Birgmeier, Bernd: Coachingwissen: Denn sie wissen nicht, was sie tun? VS Verlag für Sozialwissenschaften, Wiesbaden 2009.

Tan, Chade-Meng: Search Inside Yourself. Wilhelm Goldmann Verlag, München 2015.

Tischinger, Michael: Selbstliebe. Der Weg zur inneren Heilung. Herder Verlag, Freiburg 2017.

Tskhay, Konstantin O.: Charisma in Everyday Life: Conceptualization and Validation of General Charisma Inventory. Universität Toronto 2016.

Van Quaquebeke, Niels/Eckloff, Tamara: Defining respectful leadership: What it is, how it can be measured, and another glimpse at what it is related to. Journal of Business Ethics, 91/2010, S. 343–358.

Van Quaquebeke, Niels/Eckloff, Tamara: Why follow? The interplay of leader categorization, identification, and feeling respected. Group Processes & Intergroup Relations, 16/2013, S. 68–86.

Verband der Redenschreiber deutscher Sprache (VRdS, DPRG): Welchen Anteil haben Text, Erscheinungsbild des Redners, Betonung und Gestik an der Gesamtwirkung eines Vortrages? Eine Studie, durchgeführt vom Institut für Demoskopie Allensbach und dem Institut für Publizistik der Universität Mainz, Juni 2007.

Von Marschall, Christoph: Barack Obama. Der schwarze Kennedy. Orell Füssli Verlag, Zürich 2008.

Warstat, Matthias: Obamas Körper. Performative Aspekte politischer Rhetorik. In: Weibler, Jürgen (Hg.): Barack Obama und die Macht der Worte. VS Verlag für Sozialwissenschaften, Springer Fachmedien, Wiesbaden 2010.

Weibler, Jürgen (Hg.): Barack Obama und die Macht der Worte. VS Verlag für Sozialwissenschaften, Springer Fachmedien, Wiesbaden 2010.

Wild, Barbara: Humor in der Psychiatrie und Psychotherapie. Beitrag von Willibald Ruch zu Humor und Charakter. Schattauer Verlag, Stuttgart 2016.

Wilde, Mauritius: Respekt. Die Kunst der gegenseitigen Wertschätzung. Vier-Türme Verlag, Münsterschwarzach 2020.

Wüst, Petra: Don't worry, be funny! Wie Humor das Leben leichter macht. Orell Füssli Verlag, Zürich 2016.

Zbinden, Reto: Führen aus eigener Kraft: Die Entwicklung von Führungspersonen und Managern. Springer Gabler Verlag, Wiesbaden 2012.

Quellenverzeichnis

Internetquellen

Ackermann, Susanne: Angst vor Machtverlust. – www.psychologie-heute.de/beruf/40170-angst-vor-machtverlust.html

Appenzeller, Gerd: Er gründete die Bundesrepublik ein zweites Mal. – www.tagesspiegel.de/politik/50-jahre-kanzler-willy-brandt-er-gruendete-die-bundesrepublik-ein-zweites-mal/25135848.html

Baches, Zoé/Rüesch, Andreas: Interview mit Richterin Ruth Bader Ginsburg. – www.nzz.ch/international/amerika/die-grundidee-war-von-anfang-an-da-1.18626095?reduced=true

Bundeskanzler Willy Brandt Stiftung: Frieden sichern und Mauern überwinden. Ost- und Deutschlandpolitik 1955–1989. – www.willy-brandt-biografie.de/politik/ost-und-deutschlandpolitik/

Bundeskanzler Willy Brandt Stiftung: Grenzvertrag und Kniefall: Bundeskanzler Willy Brandt in Warschau vom 07.12.1970. – www.willy-brandt-biografie.de/quellen/videos/kniefall-warschau-1970/

Bundeskanzler Willy Brandt Stiftung: Regierungserklärung. – www.willy-brandt-biografie.de/wp-content/uploads/2017/08/Regierungserklaerung_Willy_Brandt_1969.pdf

Bundeskanzler Willy Brandt Stiftung: Regierungserklärung vor dem Deutschen Bundestag in Bonn vom 28.10.1969. – www.willy-brandt-biografie.de/quellen/bedeutende-reden/regierungserklaerung-vor-dem-bundestag-in-bonn-28-oktober-1969/

Decker, Catharina/van Quaquebeke, Niels: Respektvolle Führung. – www.researchgate.net/publication/282654013_Respektvolle_Fuhrung

Das Erste: Die lange Willy Brandt Nacht vom 18.12.2013. – www.daserste.de/information/reportage-dokumentation/dokus/videos/die-lange-willy-brandt-nacht-102.html

Der Spiegel Politik, asc/AFP/AP/dpa/Reuters: Parteitag der US-Demokraten: Clinton ruft Demokraten zur Versöhnung auf. – www.spiegel.de/politik/ausland/parteitag-der-us-demokraten-clinton-ruft-demokraten-zu-versoehnung-auf-a-574620.html

Deutschlandfunk. – www.deutschlandfunkkultur.de/achtsamkeit-2-0-wie-das-silicon-valley-unsere-seelen-rettet.3720.de.html?dram:article_id=374733

Deutsches Netzwerk Wirtschaftsethik: Werte geben einem Unternehmen Identität. – www.dnwe.de/wertemanagement-und-compliance-auditierungen/wertemanagement-zfw/

Der Tagesspiegel: US-Präsident in Berlin. Obamas Rede im Wortlaut vom 20.06.2013. – www.tagesspiegel.de/politik/der-us-praesident-in-berlin-obamas-rede-im-wortlaut/8384644.html; im Originalton bei Spiegel Online: www.spiegel.de/video/obama-in-berlin-rede-des-us-praesidenten-am-brandenburger-tor-video-1279434.html

Deutscher Bundestag: Erste Rede einer Frau im Reichstag am 19. Februar 1919. – www.bundestag.de/dokumente/textarchiv/2014/49494782_kw07_kalenderblatt_juchacz-215672

Deutscher Bundestag. Wissenschaftliche Dienste: Zu den Grundrechten in der Weimarer Reichsverfassung. – www.bundestag.de/resource/blob/423610/86e3e9e834b42e4b72fbd25413f285cb/WD-3-215-08-pdf-data.pdf

Eberlein, Werner: Selbstwertschutz. Lexikon der Psychologie. – www.psychology48.com/deu/d/selbstwertschutz/selbstwertschutz.htm

Enste, Dominik H.: Führung im Wandel: Mit ethischer Führung zum nachhaltigen Erfolg. – www.forum-wirtschaftsethik.de/fuehrung-im-wandel-mit-ethischer-fuehrung-zum-nachhaltigen-erfolg

Eppler, Erhard: Die humanste Form der Macht. – www.spiegel.de/spiegel/print/d-9287011.html

Erhardt, Mischa: Eigene Wertvorstellung. Mischt die Generation Z die Arbeitswelt auf? – www.zdf.de/nachrichten/heute/mischt-die-generation-z-die-arbeitswelt-auf-100.html

Fraunhofer-Institut für Produktionstechnologie: Change Management. Bei Veränderungsprozessen den Menschen in den Mittelpunkt stellen. – www.ipt.fraunhofer.de/de/presse/Pressemitteilungen/20111005ChangeManagement.html

Grass, Günter: Gesamtdeutscher März (Gedicht, erschienen Ende der 1960er-Jahre)

Google: Wörterbuch Disziplin: www.google.com/search?safe=active&source=hp&ei=rILOXpyfEqGSlwSRsZ64CA&q=Disziplin&oq=Disziplin&gs_lcp=CgZwc3ktYWIQAzICCAAyAggAMgIIADICCAAyAggAMgIIADICCAAyAggAMgIIADICCAA6BQgAEIMBUKI9WN1UYJhcaABwAHgAgAHCAYgBugaSAQM4LjGYAQCgAQGqAQdnd3Mtd2l6&sclient=psy-ab&ved=0ahUKEwicpabLqdTpAhUhyYUKHZGYB4cQ4dUDCAg&uact=5

Harding, Gabi: Topmanager: Wovor sich Führungskräfte fürchten. – www.business-wissen.de/artikel/topmanager-wovor-sich-fuehrungskraefte-fuerchten

Hockling, Sabine: Positives Denken. „Wir sind auf Fehler fokussiert." – www.zeit.de/karriere/beruf/2015-08/positives-denken-karriere-job

Holscher, Max: „Obama in Köln". – www.spiegel.de/politik/ausland/barack-obama-in-koeln-ich-habe-dinge-in-eine-bessere-richtung-gelenkt-a-1261360.html

Jepsen-Föge, Dieter: Der Konflikt als Chance des Fortschritts. – www.deutschlandfunk.de/der-konflikt-als-chance-des-fortschritts.1310.de.html?dram:article_id=194253

Jörgensen, Peter: Empathie und Konfrontation. – www.baptisten.de/fileadmin/bgs/media/dokumente/zeitzeichen_3-2018_Peter_Jorgensen_Martin-Luther_King.pdf

Kokkoris, Michail D./ Stavrova, Olga: The Dark Side of Self-Control: Harvard Business Review vom 16.01.2020. – https://hbr.org/2020/01/the-dark-side-of-self-control

König, Helmut: Wenn die Welt zum Resonanzraum wird. – www.nzz.ch/feuilleton/buecher/hartmut-rosas-soziologie-der-schwingungen-wenn-die-welt-zum-resonanzraum-wird-ld.87627

Korfmann, Matthias: Der Vater der Kampagne „Willy wählen" verrät Brandts Taktik. – www.derwesten.de/wochenende/der-vater-der-kampagne-willy-waehlen-verraet-brandts-taktik-id8770707.html

Landesarbeitsgericht Hessen, Urteil vom 26. Februar 2013. – https://dejure.org/dienste/vernetzung/rechtsprechung?Gericht=LAG%20Hessen&Datum=26.02.2013&Aktenzeichen=13%20Sa%20845%2F12

Lemo (Lebendiges Museum Online): Friedrich Ebert 1871–1925. – www.dhm.de/lemo/biografie/biografie-friedrich-ebert.html

Lemmer, Ruth: Generation Z: Die Realisten kommen. – www.haufe.de/personal/hr-management/generation-z-umfragen-zu-werten-in-der-arbeitswelt_80_417304.html

Merke, Yasmin: Interview mit Prof. Manfred Berg: Wie Martin Luther King ohne Gewalt Gewalt provozierte. – www.srf.ch/news/international/wie-martin-luther-king-ohne-gewalt-gewalt-provozierte

Morgenthaler, Mathias: Humor gehört in die Chefetage. – www.nzz.ch/einst_war_emil_herzog_erfolgreicher_manager_bei_nestle_globus_und_unilever-1.8938970?reduced=true

Mourlane, Denis: Das Resilience Factor Inventory (RFI®). – www.mourlane.com/index.php/leistungen/resilienz/resilienztest

Müller, Albrecht: Gesucht: Ein neuer Willy Brandt: Vergangenheit, die wiederkehren soll. – www.faz.net/aktuell/feuilleton/debatten/gesucht-ein-neuer-willy-brandt-vergangenheit-die-wiederkehren-soll-1908885/in-bronze-von-rainer-fetting-1917297.html

Müller, Albrecht: Vergangenheit, die wiederkehren soll. – www.faz.net/aktuell/feuilleton/debatten/gesucht-ein-neuer-willy-brandt-vergangenheit-die-wiederkehren-soll-1908885.html

New York Times: Barack Obama's New Hampshire Primary Speech vom 08.01.2008. – www.nytimes.com/2008/01/08/us/politics/08text-obama.html

Pitzke, Marc: Barack Obama: Der bittere Geschmack der Niederlage. – www.spiegel.de/politik/ausland/barack-obama-der-bittere-geschmack-der-niederlage-a-527502-amp.html

Politische Denkmäler: Denkmäler für demokratische Politiker. – www.politikundunterricht.de/4_02/b10bisb16.htm

Purps-Pardigol, Sebastian: Im Gespräch mit Peter Postelmann (SAP). – https://kulturwandel.org/gespraech/sap-peter-bostelmann/

Redenwelt: Die Betonung in einer Rede – wie wichtig sie ist und wie sie geübt wird. – www.redenwelt.de/rede-tipps/betonung-rede-wichtigkeit/

Respect Research Group: Definition Respekt. – www.respectresearchgroup.org/respekt/definition

Respect Research Group: Skala „Respektvolle Führung". – www.respectresearchgroup.org/respekt/messinstrumente/skala-respektvolle-fuehrung

Rosa, Hartmut: Über Resonanz vom 16.03.2018. – www.resonanz.wien/blog/hartmut-rosa-ueber-resonanz

Rudzio, Kolja: Interview mit Walter Mischel vom 16.03.2015. – www.zeit.de/zeitwissen/2015/02/marshmallow-experiment-psychologie-walter-mischel

Scholz, Christian: Zu Gedanken und Materialien zur Generation Z. – https://die-generation-z.de

Schreiber, Hermann: Vielleicht muss ich es ja machen. – www.spiegel.de/spiegel/print/d-45547770.html

Stiftung Haus der Geschichte der Bundesrepublik Deutschland: Beobachtungen des Parlamentarischen Rats 1948/49. – www.parlamentarischerrat.de/organisation_898_organisation=49.html

Spiegel Online: Obamas Rede auf Englisch: „We have history to make." – www.spiegel.de/politik/deutschland/obamas-rede-in-berlin-am-19-juni-2013-im-wortlaut-englisch-a-906741.html

Titze, Michael: Humor als Führungskompetenz. – www.humorkom.de/inhouse-trainings/humor-als-fuehrungskompetenz.html

Vorrink, Cathrin: Die Führungsstile der Bundeskanzler Willy Brandt und Gerhard Schröder im Vergleich. – https://karl-rudolf-korte.de/wp-content/uploads/2015/04/mag_vorrink.pdf

Walter, Franz: Willy Brandt: Der Kanzler und seine Intellektuellen. – www.spiegel.de/

politik/deutschland/willy-brandt-der-kanzler-und-seine-intellektuellen-a-412585.html

Wang, Derrick: Composer & Writer. – www.derrickwang.com/scalia-ginsburg

Wikipedia: Menschenwürde. – https://de.wikipedia.org/wiki/Menschenw%C3%BCrde

Wikipedia: Resonanz. – https://de.wikipedia.org/wiki/Resonanz

Wikipedia: Ruth Bader Ginsburg. – https://de.wikipedia.org/wiki/Ruth_Bader_Ginsburg

Wikipedia: Sondergericht. – https://de.wikipedia.org/wiki/Sondergericht

Wikipedia: Gehorsamsparagraph, § 1354 BGB a. F. – https://de.wikipedia.org/wiki/Gehorsamsparagraph

Wilhelm, Anne-Friederike: Herzog Emil im Land des Lächelns. – www.werbewoche.ch/werbung/2010-03-24/herzog-emil-im-land-des-lachens

Wissenschaftliche Dienste Deutscher Bundestag, Verfasser Dr. Klaus Sator: Der „Voting Rights Act" und das Wahlrecht für alle. – www.bundestag.de/resource/blob/384408/42bc0e69f2705d172edd530075b17c74/voting-rights-act-data.pdf

Wüst, Petra: Der große Humortypen-Test Humortyp. – www.proprofs.com/quiz-school/story.php?title=frage-1

Youtube

Budweiser Super Bowl Commercial 2017: Born the hard way. – www.youtube.com/watch?v=IZaQQvfIfPQ

Barack Obama: www.youtube.com/watch?v=Fe751kMBwms

Barack Obama's Presidential Announcement: www.youtube.com/watch?v=gdJ7Ad15WCA

Heinrich-Böll-Stiftung: Resonanz. Hartmut Rosa über die Soziologie des guten Lebens. Vortrag vom 27.02.2017. – www.youtube.com/watch?v=S-bHnM3Uwuk

Luther, Martin: If you can't run then walk. – www.youtube.com/watch?v=MFOFs0iAwDg

Metronome Synchronization: www.youtube.com/watch?v=yysnkY4WHyM

Peter Bostelmann (SAP) und das Thema Achtsamkeit: www.youtube.com/watch?v=9VqyS5-eQ3k

Vera Birkenbihl: www.youtube.com/watch?v=LtPZ3gKAZs0

Willy Brandt – Best of: Regierungserklärung vom 28.10.1969. – www.youtube.com/watch?v=SOAc0SnWb74

Willy Brandt 1970: Der Kniefall von Warschau. – www.youtube.com/watch?v=hguY-EbpwVZU

Filme

„Die Berufung – Ihr Kampf für Gerechtigkeit", Spielfilm von Mimi Leder, dt. Kinostart 7. März 2019

„RBG – Ein Leben für die Gerechtigkeit", Dokumentarfilm von Julie Cohen und Betsy West, dt. Filmstart 13. Dezember 2018

Songs

Aretha Franklin: Rebelt – Respect. Lyrics written by Otis Redding. – https://genius.com/Aretha-franklin-respect-lyrics

Gesetze

Grundgesetz für die Bundesrepublik Deutschland. Bundeszentrale für politische Bildung, Bonn 2019, S. 13

Bürgerliches Gesetzbuch. Vom 18. August 1896: Elterliche Gewalt des Vaters, § 1626 ff. BGB vom 18. August 1896: Reichsgesetzblatt. – www.koeblergerhard.de/Fontes/AnhangBGBDR18961900.htm

Christiane Deters

ist Trainerin, systemischer Coach und Rednerin, spezialisiert auf die Themen Persönlichkeitsentwicklung und Charisma. Schon als Rechtsanwältin sowie als Unternehmensjuristin und HR-Verantwortliche für ein Schweizer Unternehmen machte sie die Erfahrung, dass die Wirkungskraft eines professionellen und charismatischen Auftritts eine große Rolle spielt. Seit dieser Zeit weiß sie: Der Eindruck, den eine Person bei ihrem Gegenüber aufgrund ihrer Wirkung hinterlässt, kann Türöffner, aber auch Türschließer sein und den weiteren Verlauf einer Begegnung entscheidend prägen.

Zu Christiane Deters heutigen Kunden zählen mittelständische Unternehmen sowie Führungskräfte, die sie im Rahmen von Seminaren und Einzelcoachings begleitet. Schwerpunkt ihrer Arbeit ist es, Menschen in der persönlichen Entwicklung zu unterstützen, um das eigene Charisma nachhaltig und wirkungsvoll zum Klingen zu bringen.